DAS GENOM

GRUNDRISS

Ein Wort und seine Bedeutungen 3
   Definitionen aus dem Lehrbuch 7
   Der Umgang in der Praxis 13
Auf dem Weg zur Genomsequenz 15
   Die Entdeckung der neuen Genetik 15
   Der Wettlauf um das humane Genom 20
Beim Betrachten der Daten 30
   Die ersten Erbanlagen 33
   Das menschliche Genom 42
In Erwartung einer neuen Wissenschaft 55
   Einsichten in das Leben 55
   Aussichten für das Leben 63
   Sequenzieren ohne Ende 73

VERTIEFUNGEN

Chromosom 88
Die Doppelhelix 92
Gen 93
Genetische Identität 95
Gene und Krebs 97
Genkarten 99
Genprodukte und Proteine 101
Genregulation 103
Gentechnik 106
Mosaikgen 107
Repetitive DNA 109

RFLP 112
Sequenzieren und Sequenzen 114
Zahlen 117
Zellen 118

ANHANG

Glossar 120
Literaturhinweise 126

GRUNDRISS

EIN WORT UND SEINE BEDEUTUNGEN

Als das Genom noch »Erbanlage« hieß, machte die Biologie keine Schwierigkeiten. Was die ersten Genetiker der Neuzeit mit dem zwar unmittelbar einleuchtenden, aber kaum übersetzbaren Ausdruck »Erbanlage« elegant bezeichneten – im Englischen muß man dafür »hereditary disposition« sagen –, wird in der molekular ausgerichteten heutigen Praxis ihrer Wissenschaft mit dem eher merkwürdig klingenden Ausdruck »Genom« bezeichnet.

Das moderne »Genom«, mit Betonung auf der zweiten Silbe, leugnet seinen griechischen Ursprung nicht. Diese wissenschaftliche Wortschöpfung des frühen 20. Jahrhunderts orientiert sich zum einen an »genos«, was »Geschlecht« heißt. Und sie lässt zum zweiten mit der ersten Silbe die Bedeutung des Werdens anklingen, die uns aus der biblischen Schöpfungsgeschichte, der »Genesis«, vertraut ist. In einem Genom steckt somit die Fähigkeit, etwas über Generationen hin entstehen zu lassen und hervorzubringen. Die Biowissenschaftler unserer Tage versuchen, sowohl die Eigenschaften des Lebendigen als auch deren Weitergabe und obendrein auch noch die dazugehörige Entwicklung von Lebensformen zu verstehen, indem sie die Genome von Organismen – deren Erbanlagen – aus ihrem Zellmilieu lösen, isolieren, offen legen, entziffern und analysieren. Eine große Aufgabe, die noch vor etwas mehr als zwanzig Jahren völlig unlösbar erschien, deren Bewältigung aber heute so rasant vorangetrieben wird, dass die wissenschaftliche Welt – und nicht nur sie – zur Zeit in den beschleunigt produzierten Daten zu ertrinken scheint, die von oftmals fabrikartig organisierten Laboratorien generiert und Computern anvertraut werden, weil nur Maschinen sie noch lesen können.

Ein Wort und seine Bedeutungen

Die Hinwendung der Forschung zum Genom basiert auf der einsichtigen Annahme, dass sich ein Organismus durch sein zugehöriges Genom charakterisieren (und deshalb vielleicht auch mit seiner Hilfe verstehen) lässt. In der Fachliteratur ist entsprechend von einem Bakteriengenom, einem Fliegengenom, einem Rattengenom, einem Pflanzengenom und auch einem Humangenom die Rede. Das Genom befindet sich nicht in den Organismen, sondern in deren **Zellen**. Diese Grundeinheiten des Lebens dienen als Herberge für die Erbanlagen, wobei es in der Genetik üblich geworden ist, Zellen mit Zellkern (Eukaryonten) von Zellen ohne Zellkern (Prokaryonten) zu unterscheiden, da ihre genetischen Materialien deutlich verschieden zusammengesetzt sind. In Prokaryonten besteht das Genom aus einer einzigen Molekülsorte, der Erbsubstanz DNA, während die Eukaryonten mehr Vielfalt zeigen und ihre DNA mit anderen Molekülen umgeben (und zum überwiegenden Teil im Kern bewahren).

DNA kürzt das englische Wort für Desoxyribonukleinsäure ab, wie die korrekte chemische Bezeichnung der Erbsubstanz heißt, die als Säure (englisch »acid«) vorliegt und unter anderem nach ihrem ersten Fundort im Zellkern (lateinisch »nucleus«) benannt wird. Die Basenpaare A–T und G–C sind im Zentrum der **Doppelhelix**, die chemisch betrachtet aus Nukleotiden gebaut wird, deren Zucker-Phosphat-Reste das Rückgrat der Doppelhelix bilden. (Zwei Stränge bedeutet, dass es zwei Rückgrate gibt, die gegenläufig angeordnet sind, wie die Pfeile andeuten.) Für die Funktion der DNA als Erbsubstanz im Genom spielt vor allem die Reihenfolge der Basenpaare eine Rolle. Ihre Sequenz stellt die genetische Information dar, die von einer Zelle genutzt wird, um andere lebensnotwendige Moleküle herzustellen.

Das Ziel zahlreicher Forscher und Forschungen besteht in unseren Tagen häufig darin, ein geeignetes Genom erst in die Hände und dann vor die Augen zu bekommen, um aus ihm Schlüsse über biologische Prozesse zu ziehen. Viele Laboratorien errichten in diesen

Ein Wort und seine Bedeutungen

Tagen aufwendige Genomzentren voller biochemischer Gerätschaften und Computer, um immer mehr Daten dieser Art über die Vielfalt der Lebensformen gewinnen und vergleichend verstehen zu können. Dieses Vorhaben kann natürlich nur dann vollständig und methodisch befriedigend funktionieren, wenn das anvisierte und umworbene Genom als ein konkretes Ding vorhanden ist, das man tatsächlich den Zellen entnehmen, in Reagenzgefäße überführen und dann entsprechend für eine molekulare Analyse präparieren kann.

Mit einem solchen wohldefinierten und abgrenzbaren Objekt haben wir es bei einem **Chromosom** zu tun. Unter Chromosomen verstehen die Biologen die im Lichtmikroskop seit mehr als einhundert Jahren leicht sichtbar zu machenden Strukturen im Zellinneren, die sich bequem anfärben lassen und von denen man weiß, dass sie die materielle Ba-

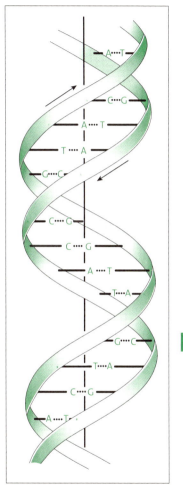

S.88

Die Doppelhelix aus DNA, so wie sie von James D. Watson und Francis Crick im Frühjahr 1953 vorgeschlagen und vorgelegt worden ist. Die Darstellung folgt einem Entwurf von Cricks Frau Odile.

5

Ein Wort und seine Bedeutungen

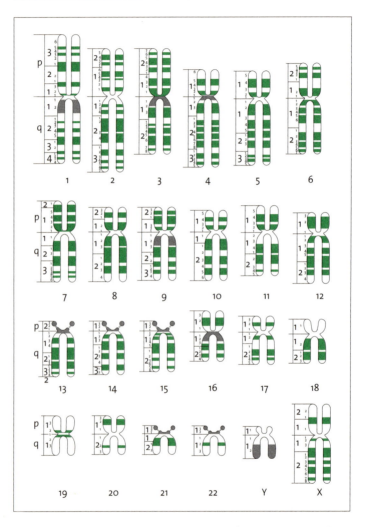

Menschliche Chromosomen: Im Jahre 1971 wurde die hier gezeigte Nomenklatur festgelegt, die es zum Beispiel erlaubt, einen Ort auf den Chromosomen als Xq28 (das unterste Ende des X-Chromosoms) oder als 7p15 zu bezeichnen.

sis der Erbanlagen abgeben, weil sie sich bei Zellteilungen nach den Vererbungsregeln richten.

Die Genetiker unterscheiden die Chromosomen, die an der Geschlechtsbestimmung beteiligt sind (X und Y), von denen, für die dies nicht der Fall ist. Letzere, die Autosomen, werden der Größe nach angeordnet und dabei von 1 bis 22 durchgezählt. Eine zentrale Struktur auf den Chromosomen – das Centromer – erlaubt die Unterscheidung von langen und kurzen Armen, wobei die kurzen Arme mit p (nach dem französischen »petite«) und die langen Arme mit q (dem Buchstaben nach p) bezeichnet werden. Mit zahlreichen modernen Färbemethoden lassen sich die einzelnen Chromosomen durch Bandenmuster charakterisieren.

Organismen lassen sich unter anderem durch die Zahl der Chromosomen charakterisieren, die in ihren Zellen – genauer: in den dazugehörigen Zellkernen – zu finden sind: Die Hefe hat zum Beispiel zwölf und die Erbse sieben Chromosomen –, und diese Menge bildet einen wesentlichen Teil des Genoms einer Zelle, das auf diese Weise als genetisches Ganzes ebenso leicht fassbar zu werden scheint wie seine chromosomalen Teile.

Definitionen aus dem Lehrbuch

Es hat sich zwar durch die Vorgaben aus der Wissenschaft in der Öffentlichkeit weitgehend eingebürgert, vom Genom eines Organismus zu sprechen, aber wer genau sein will, kann immer nur vom Genom einer Zelle reden. Auf diesen Unterschied gilt es zu achten, und zwar gerade deshalb, weil beide Begriffsbildungen ihre Rechtfertigung haben und sinnvoll verwendet werden können.

Wer sich nur in aller Kürze informieren will, was ein Genom ist, wird als Erstes vielleicht auf den Gedanken verfallen, in einem Lexikon oder Lehrbuch der Genetik eine Definition zu suchen. Hier ist aber Vorsicht geboten. Zu den Grundirrtümern der Außensicht auf

Ein Wort und seine Bedeutungen

das wissenschaftliche Treiben gehört die Ansicht, dass in der Forschung mit eindeutig definierten Begriffen begonnen wird. Dabei sollte das Gegenteil viel einleuchtender sein. Zur wissenschaftlichen Erkundung von Neuland gehört es, erst im Laufe der Arbeit verstehen zu können, wovon man die ganze Zeit gehandelt hat. Bestenfalls wird sich zuletzt genauer sagen lassen, wie das »wirklich« zu fassen ist, was man untersucht.

Hier nun zwei Beispiele aus Lehrbüchern. In seinem Lehrbuch der »Molekularen Genetik« schlägt der Biologe Rolf Knippers folgende Definition vor: »Als Genom bezeichnet man die Gesamtzahl der Gene einer Zelle oder eines Organismus.«

Eine Defintion, mit der man gut arbeiten kann – sofern man weiß, was ein **Gen** ist. Gene sind vor allem etwas, mit dem eine Zelle bestimmte Produkte herstellen kann. Aus Genen oder genauer mit Hilfe von biologischen Informationen, die in Genen verfügbar werden, können Zellen Genprodukte herstellen, die dann all die Aufgaben übernehmen, die zum Leben nötig sind. Die sicher wichtigsten Genprodukte sind als Proteine bekannt, ohne deren Hilfe kaum eine chemische Reaktion in einer Zelle rasch genug ablaufen könnte, ohne deren unendlich mannigfaltige Tätigkeit keine Zelle wachsen würde oder atmen könnte, ohne die also ihr Leben sehr bald zu Ende gehen würde (**Genprodukte und Proteine**).

`S.101`

Das Genom stellt also nach der zitierten Definition die Anzahl aller Gene dar, und diese Menge befindet sich konkret in einer Zelle. Nun gibt es Lebensformen – wie etwa die Bakterien –, die aus nur einer Zelle bestehen. In dem Fall macht das »oder« in der zitierten Definition keine Schwierigkeiten. Dies sieht etwas anders aus bei Mäusen, Menschen und anderen komplexen Hervorbringungen der Evolution. Sie bestehen aus Billionen von Zellen, und jede dieser Zellen (von wenigen Ausnahmen abgesehen) führt ihre eigene Erbanlage – ihr eigenes Genom – mit sich. Ein Mensch verfügt also genau genommen nicht über ein Genom, sondern über viele Billionen Exemplare davon. Und wer an dieser Stelle bedenkt, dass es zudem Milliarden Menschen gibt, wird sofort merken, wie merkwürdig undeutlich und verführerisch zugleich die Sprache wird, wenn sie uns sagen lässt, das menschliche Genom sei bekannt, wo es in Wirklichkeit milliardenfach Billionen Genome im beziehungsweise in Menschen gibt.

Unabhängig davon ist ein Genom höchst manifest und greifbar etwas, was sich in einer Zelle suchen und finden lässt. Wer sich nun die Frage stellt, ob sich in den zahlreichen unterschiedlichen Zelltypen (Nervenzellen, Blutzellen, Hautzellen und viele mehr) auch entsprechend unterschiedliche Genome finden, darf auf keine einfache Antwort hoffen. Natürlich liegt es nah, in allen Zellformen eines Organismus dasselbe Genom zu vermuten, und die Forschung macht sich diesen Gedanken zu Eigen, indem sie Genome nicht nach Zellen, sondern nach Lebewesen aufschlüsselt und benennt. Aber der Teufel kann oft im Detail stecken, und die Schwierigkeit, genau festzulegen, wann man Genome als identisch und wann man sie als verschieden bezeichnen kann, sollte weder unterschätzt noch aus den Augen verloren werden. Die Frage nach der **genetischen Identität** ist ein ebenso umfangreiches wie schwieriges Kapitel. Es scheint zwar zum Beispiel festzustehen, dass das eine Genom, mit dem jeder von uns seinen biologischen Lebensweg als befruchtete Eizelle beginnt, seiner *Quantität* nach unverändert bleibt. Es scheint aber immer allgemeiner und für immer mehr Zellen zuzutreffen, dass diese Invarianz der Menge nicht auf die Frage der *Qualität* übertragen werden kann. In vielen Fällen werden im Laufe der Entwicklung, wenn sich unterschiedliche Zelltypen herausschälen, mehrere Abschnitte des Genoms (ganze Gene oder mehr) umgruppiert, verschoben und neu zusammengefügt. Und bei zahlreichen Zellteilungen tauchen im Laufe eines langen Lebens immer wieder Varianten (Mutationen) auf, die vorher nicht vorhanden waren. Welche und wie viele Varianten in einem Chromosom machen ein neues Genom aus? Welche

Ein Wort und seine Bedeutungen

und wie viele Varianten verträgt die Idee von identischen Genomen, wie sie etwa bei Zwillingen postuliert und beim Klonieren produziert werden?

Schwierige und interessante Fragen, die erst in diesen Tagen der beginnenden Genomik mit Bedeutung gestellt werden können und die uns noch lange beschäftigen werden. Niemand sollte es sich also zu leicht machen mit dem Genom, und es braucht nicht besonders betont zu werden, dass die oben zitierte Definition bei aller Qualität so ihre Tücken hat, wie man am besten erkennt, wenn man ein anderes Lehrbuch zu Rate zieht, etwa »Genes and Genomes« von Maxine Singer und Paul Berg. Dort definieren die Autoren: »Der Ausdruck Genom wird benutzt, um die Gesamtheit der Chromosomen (in molekularen Begriffen, der DNA) zu bezeichnen, die es nur in einem bestimmten Organismus (oder in jeder Zelle dieses Organismus) gibt (»unique to a particular organism«), wobei das Genom von dem Genotyp zu unterscheiden ist, mit dem die Information gemeint ist, die in diesen Chromosomen (beziehungsweise der dazugehörigen DNA) enthalten ist.«

Singer und Berg sprechen zunächst nicht die funktionellen Grundeinheiten der Gene, sondern vielmehr chemische Strukturen und Moleküle an. Sie reden nicht von der Gesamtzahl der Gene, sondern von der Gesamtheit des genetischen Materials, das bekanntlich in Form der Chromosomen sichtbar wird. Für Singer und Berg ist ein Genom primär eine chemische Substanz, die wir als DNA kennen gelernt haben. Die amerikanischen Autoren möchten das neue Genom von dem alten Genotyp unterscheiden, einem Begriff, der bereits vor etwa einhundert Jahren in die Wissenschaft der Vererbung eingeführt wurde, um die Gesamtheit der Erbfaktoren eines Lebewesens zu bezeichnen. Von diesen partikulär gedachten Erbfaktoren hätte man zwar seit Gregor Mendels Zeiten wissen können, aber die Forschergemeinde nahm die Ergebnisse seiner Kreuzungsversuche erst nach der Wende zum 20. Jahrhundert ernst, und als sie das tat, gab

Definitionen aus dem Lehrbuch

sie den von Mendel entdeckten Elementen der Vererbung den bis heute faszinierenden Namen der »Gene«. Zu den nachhaltigsten Entdeckungen Mendels und seiner frühen Nachfolger gehört die Tatsache, dass ein Gen in einer Zelle gewöhnlich in zwei Exemplaren vorliegen kann, die nicht unbedingt gleich sein müssen. Unterschiedliche Genpaare (Allele) können sich in dem sie tragenden Organismus unterschiedlich auswirken, wie die ersten Erbforscher feststellten, um anschließend das sichtbare Erscheinungsbild eines Lebewesens als Phänotyp und die unsichtbar bleibenden Erbanlagen als Genotyp zu benennen. Unter dem Genotyp verstand man in erster Linie die Menge der Gene, die eine Zelle beherbergt und damit mehr oder weniger genau das, was oben als erste Definition des Genoms angeboten wurde.

Kurioserweise wollen sich die amerikanischen Autoren davon gerade lösen, um den materiellen Charakter der Genetik und ihrer Objekte besser und stärker

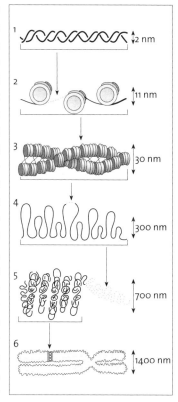

Verpackung: Zuerst entstehen aus dem DNA-Faden (1) Strukturen, die so aussehen wie Garnrollen (2) und in einem nächsten Schritt aufgereiht werden (3). Was dabei entsteht, wird gefaltet (4) und erneut verschlungen (5), bis zuletzt ein Stück des sichtbaren Chromosoms entstanden ist (6). Die Dimensionen der jeweiligen Strukturen sind in Nanometer (nm = 0,000001 mm) angegeben.

Ein Wort und seine Bedeutungen

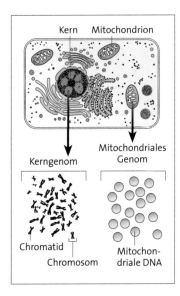

Zellgenome: Das Kerngenom besteht aus den bekannten Chromosomen, und das Mitochondriengenom aus nackter DNA, die sich ringförmig verschlossen hat.

zu betonen, der natürlich eine wesentliche Voraussetzung für den experimentellen Zugang zu dem ist, was mit dem Wort Genom erfasst werden soll. Wer biochemisch oder auf andere zerlegende Weise mit Zellen operiert oder hantiert, wird zunächst und vor allem mit Stoffen und wohldefinierten chemischen Substanzen zu tun haben, also mit Chromosomen und DNA. Gene sind im Laboratorium respektive in den Retorten nämlich mehr materiell und weniger funktionell zu fassen, wie es immer wieder zu betonen gilt. Es macht daher aus rein praktischen (oder pragmatischen) Gründen Sinn, das Genom zunächst als etwas zu verstehen, das in wissenschaftlichen Experimenten zugänglich ist und in einem Reagenzglas präsentiert werden kann.

Interessant ist nun, dass selbst dann, wenn wir uns in der beschriebenen Weise einschränken, nicht einfach und keinesfalls ohne Erläuterungen zu sagen ist, was unter einem Genom verstanden werden soll. Die auftretenden Schwierigkeiten sind dabei zumindest doppelter Natur. Auf der einen Seite ist zum Beispiel bekannt, dass Chromosomen aus mindestens zwei Molekülsorten bestehen, nämlich aus der bereits erwähnten Erbsubstanz DNA und so genannten Proteinen, die aus den nahezu unendlich langen DNA-Fäden einer Zelle die Päckchen falten und halten, die als Chromosomen sichtbar werden. Zählt man diese Proteine nun mit zum Genom? Oder schließt man sie aus und konzentriert sich auf den Stoff namens DNA, aus dem im allgemeinen Verständnis die Gene sind beziehungsweise in dessen Bauweise die Information gespeichert ist, deren sich eine Zelle bedienen muß, um sich mit den Molekülen auszustatten, die sie leben lassen?

Zum Zweiten taucht ein Problem auf, das mit Zellbestandteilen zu tun hat, die eigenständig über genetisches Material verfügen. Die Chromosomen aus dem Zellkern stellen nicht den einzigen Ort dar, an dem sich die DNA findet. Diese populäre Molekülsorte lässt sich seit längerem auch in den Organellen namens Mitochondrien nachweisen. Wer genau sein will, müsste also das »Kerngenom« einer Zelle von seinem »Mitochondriengenom« oder dem mitochondrialen Genom unterscheiden – wobei Mitochondrien menschlicher Zellen bis zu 80 000 (!) Kopien ihrer genetischen Moleküle enthalten und in das Zellgeschehen einbringen.

Der Umgang in der Praxis

Man hat es also nicht leicht mit dem Genom, wobei die Schwierigkeiten noch erhöht werden, wenn man neben den einzelligen und vielzelligen Organismen noch die Mitstreiter auf der Bühne der Evolution zulässt, die sich im Übergangsbereich zwischen Leben und Nicht-Leben angesiedelt haben. Gemeint sind die Viren, die an dieser Stelle deshalb auffallen, weil einige von ihnen keinerlei DNA enthalten und ihr genetisches Material vielmehr in Form einer verwandten Substanz namens RNA organisieren. Chemisch unterscheiden sich RNA und DNA vor allem durch einen eher unscheinbaren Baustein, der allerdings verhindert, dass die RNA so schöne Strukturen ausbildet, wie man sie von der DNA her kennt. Die beiden verwandten Molekülsorten stimmen aber darin überein, dass sie kettenförmig gebaut sind und ihr Aufbau somit in Form einer Reihenfolge bezie-

Ein Wort und seine Bedeutungen

hungsweise einer Sequenz beschrieben werden kann. Sie besteht chemisch gesehen aus Nukleotiden oder Basen und kann durch deren Anfangsbuchstaben angegeben werden. Die Natur hat es dabei sehr einfach gemacht und die DNA mit nur insgesamt vier Basen ausgerüstet, die aus manchmal nur mühsam nachvollziehbaren historischen Gründen und in alphabetischer Reihenfolge Adenin (A), Cytosin (C), Guanin (G) und Thymin (T) heißen.

Mit der eben erläuterten Sequenz taucht nun die Möglichkeit auf, alle begrifflichen Verwirrspiele um das Genom aufzugeben und einen gemeinsamen Nenner zu finden. Denn ob die Erbanlagen aus RNA oder DNA bestehen, ob die DNA ohne Verpackung (in Bakterien und Mitochondrien) oder mit Verpackung (in Chromosomen im Kern einer menschlichen Zelle) vorliegt – eines ist dem genetischen Material immer gemeinsam: die Sequenz der Nukleinsäuren, die Reihenfolge ihrer chemischen Bausteine. Mit anderen Worten: So verschieden Genome sind, allen gemeinsam ist eine Sequenz, und sie allein wird inzwischen gemeint, wenn in einem Fachblatt oder an anderer Stelle von einem Bakterien-, einem Fliegen- oder dem Humangenom die Rede ist.

Übrigens: Der Blick auf die DNA-Struktur zeigt, dass die Erbsubstanz durch eine Folge von Basenpaaren bestimmt ist – sie ist ja auch eine Doppelhelix. In einem intakten Molekül paart sich stets nur A mit T und G mit C. Daraus folgt, dass es zur Angabe einer Folge von Basenpaaren reicht, die Sequenz von einzelnen Basen anzugeben. Beide Möglichkeiten werden hier gleichberechtigt eingesetzt.

Wird heute die Offenlegung des Genoms eines Bakteriums angekündigt, steckt dahinter die Auflistung und Erläuterung einer Sequenz von Basen (oder Basenpaaren). Das Genom in Form solch einer Sequenz hat damit seinen Ort gewechselt. Es befindet sich jetzt nicht mehr in einer Zelle (und erst recht nicht in einem Organismus). Der neue Ort des Genoms ist der Computer respektive die Datenbank – und es lohnt zu wissen, wie es dahin gekommen ist.

AUF DEM WEG ZUR GENOMSEQUENZ

Wer die Geschichte der Genetik oberflächlich betrachtet, kann rasch dem Irrtum verfallen, dass die berühmteste Entdeckung ihrer modernen Ära – gemeint ist die 1953 publizierte Einsicht in die Struktur des Erbmaterials, die als eine elegant gewundene Doppelhelix vorgestellt werden kann, die Laien ebenso begeistert wie Experten – eine direkte Konsequenz nach sich gezogen haben sollte, nämlich das Bemühen, die konkrete Reihenfolge (Sequenz) der Basenpaare zu bestimmen, wie sie zum Beispiel in einem Bakterium oder in einer Hefezelle vorliegt. Doch davon kann keine Rede sein. Zum einen musste sich das ästhetisch befriedigende Modell der DNA erst einmal in der wissenschaftlichen Praxis bewähren – selbst ihre Urheber hatten lange Zeit hindurch die Befürchtung, dass irgendwann die eine oder andere hässliche Tatsache auftaucht, die ihrem schönen Modell (oder wenigstens seinem Universalanspruch) den Garaus machen könnte –, und zum Zweiten gab es für Biochemiker, die tatsächlich versuchen wollten, die Sequenz eines gegebenen DNA-Moleküls zu bestimmen, weder ausreichend Material für eine Analyse noch die Möglichkeit, sich auf zuverlässige Weise ein geeignetes DNA-Fragment herzustellen. Die Wissenschaft musste rund zwanzig Jahre mit der Doppelhelix vor Augen warten, bis sie dieses Problem anpacken und lösen konnte. Die Voraussetzung dazu war das unerwartete Erscheinen der **Gentechnik**, mit deren Hilfe die neue Genetik möglich wurde, die uns heute so in Atem hält. `S. 106`

Die Entdeckung der neuen Genetik

Das oben erwähnte »geeignete DNA-Fragment« meint ein Stück DNA, das kurz genug ist, um mit traditionell verfügbaren biochemi-

Auf dem Weg zur Genomsequenz

schen Methoden von einem praktizierenden Genetiker – etwa im Rahmen einer Doktorarbeit – analysiert zu werden. »Kurz genug« meint dabei höchstens ein paar Hundert Basenpaare, und hier steckt das Problem. Die DNA-Moleküle, die von und in der Natur hervorgebracht werden, sind ausnahmslos wesentlich länger. Sie erstrecken sich von einigen Tausend bis zu vielen Millionen Basenpaaren, und jeder Versuch, molekulare Fäden solcher Ausmaße mit Pipetten oder im Reagenzglas zu handhaben, führte unweigerlich zu ihrer wüsten und zufälligen Zerstörung. (Wer einen Vergleich sucht, um dies zu verstehen, kann sich Spaghetti vorstellen, die er in einer Flasche weich gekocht hat und nun so schnell wie möglich durch den engen Hals auf einen Teller bugsieren möchte. Wer jetzt fragt, warum die Forscher keine anständigen Töpfe dafür benutzen, wird aufgefordert, sie anzufertigen und ihnen zur Verfügung zu stellen.)

Die langen Genmoleküle der Natur zerfielen den Wissenschaftlern bei ihrer Arbeit buchstäblich unter den Händen, und es war frustrierend, sich mit immer anderen Bruchstücken in den Analysegeräten abzugeben – bis die Rettung nahte und einige von ihnen entdeckten, wie sich die länglichen DNA-Moleküle auf immer gleiche Weise zerschneiden ließen, so dass sie stets die gleiche Länge hatten und man reproduzierbar – also wissenschaftlich korrekt – mit ihnen umgehen konnte.

Ende der sechziger Jahre bemerkten die Molekularbiologen zum ersten Mal in aller Deutlichkeit, dass Bakterien in der Lage sind, das Genom von einigen der Viren zu zerlegen, die sie angreifen und zu fressen versuchen. Für diese Viren stellten solche Bakterien eine »restricted area« dar. Diese Ausdrucksweise wurde in die technische Sprache der Wissenschaft übernommen, und so sagte man, die Bakterien sorgen dafür, dass sie eine verbotene Zone sind, und sie bestrafen Eindringlinge, indem sie deren DNA »restringieren« (zerlegen). Dazu verwenden sie raffinierte molekulare Werkzeuge, die Restriktionsenzyme heißen und die man sich als molekulare Scheren

Die Entdeckung der neuen Genetik

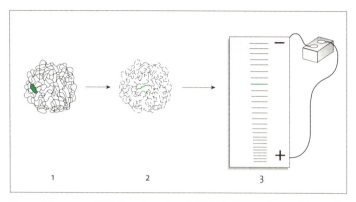

Fragmentierung von DNA: Zuerst werden die leicht brüchigen, langen DNA-Moleküle der Zelle (1) in kurze stabile Fragmente (2) zerlegt. Diese Fragmente lassen sich tatsächlich sauber trennen (3): Da DNA negativ geladen ist, wird sie bei einer angelegten Spannung zum positiven Pol hin gezogen; im Trägermaterial (Gel) laufen kurze Stücke schneller als lange.

vorstellen kann. Einige Restriktionsenzyme konnten bald aus Bakterien isoliert und interessierten Wissenschaftlern gezielt für die Zerlegung von Genmaterial in handhabbaren Päckchen angeboten werden.

Mit der Gentechnik eröffnete sich die Möglichkeit, kurze DNA-Abschnitte erstens herzustellen und zweitens so anzureichern, dass ausreichend Material für biochemische Analysen zur Verfügung steht. Mit anderen Worten, in der Mitte der siebziger Jahre gab es genügend Gründe, Verfahren zu entwickeln, mit deren Hilfe die Sequenz von DNA-Fragmenten zu bestimmen ist, und wie jetzt fast vorhersagbar, dauerte es nicht lange, bis tatsächlich Wege zu solch einer Sequenzierung angegeben wurden. Vor allem zwei Strategien haben es dabei den Wissenschaftlern angetan – eine erste geht auf den Briten Fred Sanger und eine zweite auf den Amerikaner Walter Gilbert zurück –, und beide erlaubten und erlauben es mit großer Zuverlässigkeit (bei zunächst noch großem technischen Aufwand, der

Auf dem Weg zur Genomsequenz

heute viel geringer geworden ist), DNA-Fragmente von einigen hundert Basenpaaren zu sequenzieren. Und bald machten sich einige Laboratorien an diese Arbeit (**Sequenzieren und Sequenzen**).

Die ersten DNA-Analysen dieser Art hatten keineswegs im Sinn, komplette Genome zu entziffern. Diese Aufgabe erschien allen Beteiligten angesichts der Millionen und Milliarden Basenpaare viel zu groß, und zwar auch deshalb, weil die in den siebziger Jahren verfügbaren Computer – vor der Gründung von Apple und Microsoft und noch ohne Silicon Valley – mit ihren viel zu geringen Rechenleistungen den Biologen nicht viel Mut machten, sich auf Datenmengen einzulassen, die viel mehr als einen Taschenrechner benötigten.

Die ersten Wissenschaftler, die sich als Gensequenzierer betätigten, waren mehr an einzelnen Genen als an kompletten Genomen interessiert, und sie konzentrierten sich besonders auf Gene, die mit der Entstehung von Krebs in Verbindung gebracht werden konnten (**Gene und Krebs**). Die Idee von diesen so genannten Onkogenen wurde damals etabliert, wobei erkannt worden war, dass deren Produkte in der Lage sind, eine normal wachsende Zelle in eine Tumorzelle zu verwandeln, die sich unkontrolliert vermehrt und dem gesunden Gewebe dabei die Lebensgrundlage entzieht. Nach und nach stellte sich im Rahmen dieser Arbeiten immer mehr die Gewissheit ein, dass Krebs (auch) eine genetische Krankheit ist, und in der Mitte der achtziger Jahre schlug Renato Dulbecco vor, diesen Gedanken ernst zu nehmen: Wenn man Krebs besiegen will, muß man ihn verstehen; da Krebs von den Genen kommt, kann man die tödliche Krankheit verstehen, wenn man die Gene kennt. Also sollte man alles daran setzen, die Gene kennen zu lernen, und das heißt nicht mehr und nicht weniger, als sich an die Aufgabe heranzuwagen, das menschliche Genom zu sequenzieren, und zwar komplett – alle drei Milliarden Basenpaare, die das genetische Material einer menschlichen Körperzelle ausmachen, wenn man nur den einfachen (haploiden) Chromosomensatz rechnet – oder eben sechs Milliarden, wenn

Die Entdeckung der neuen Genetik

man den üblicherweise in Körperzellen vorhandenen zweifachen (diploiden) Satz rechnet.

Dulbecco konnte diesen verblüffenden und zunächst eher belächelten Vorschlag auch deshalb machen, weil den Biologen damals ein weiterer methodischer Fortschritt gelungen war, der die Idee eines Genomprojektes tatsächlich praktikabel erscheinen ließ. Auch dieser Fortschritt basiert auf der Gentechnik und ihren Werkzeugen, den Restriktionsenzymen. Mit ihrer Hilfe lässt sich – wie erwähnt – das genetische Material einer Zelle (zum Beispiel eines Menschen) fraktionieren oder fragmentieren, wie es in der Wissenschaft heißt. Die dabei entstehenden Restriktionsfragmente – ein kompliziertes Wort mit einfacher Bedeutung – lassen sich durch traditionelle Methoden der Biochemie trennen und sortieren, wobei die Ergebnisse in Form schöner Streifenmuster (Banden) präsentiert werden können. Dieser Tatbestand war nicht weiter aufregend, bis einige Molekularbiologen unter der Führung von David Botstein und Ron Davies im Jahre 1980 erkannten, dass die dabei produzierten Schnittmuster erstens von Individuum zu Individuum verschieden sind und dass sie zweitens weitervererbt werden. Die einer Person zugehörende Vielgestaltigkeit der Restriktionsfragmente bekam den leicht nachvollziehbaren Namen Polymorphismus, und wenn man die beiden Ausdrücke zusammenzieht, entsteht das Wortungetüm Restriktionsfragmentlängenpolymorphismus, den die Biologen **RFLP** abkürzten und als »Riflip« aussprechen. Mit diesem Phänomen hatten Botstein und Davies einen Weg entdeckt, um beim Menschen das tun zu können, was die Genetiker schon seit Jahrzehnten bei anderen Organismen – wie Bakterien, Hefepilzen und Fliegen – exerzierten, nämlich die Anfertigung einer **Genkarte**. Die Idee zu solch einer genetischen Karte war bereits um 1915 aufgekommen, als man bei Fliegen die Vererbung von sichtbaren Mutationen – etwa in der Augenfarbe oder der Flügelform – verfolgte und versuchte, den Ort der dazugehörigen Gene (Genvarianten) auf den Chromosomen zu bestimmen. Mit den

S. 112

S. 99

Auf dem Weg zur Genomsequenz

Riflips konnte nun – wie 1980 gezeigt wurde – eine entsprechende genetische Karte für den Menschen angefertigt werden. Ein Polymorphismus lässt auf eine veränderte Sequenz – eine Sequenzvariation – in der DNA schließen, die durch ein Restriktionsenzym bestimmt wird, das an diesem Stück DNA seine Arbeit (das Zerschneiden) verrichten konnte oder nicht. Auf diese Weise lassen sich zunächst in mühevoller Kleinarbeit Sequenzmarkierungen spezifischen Orten auf einem Chromosom zuordnen. Und im Anschluß daran ließen sich Gene, die zum Beispiel an der Entstehung von Krankheiten beteiligt waren, auf dem Chromosom lokalisieren. Dies gelang, nachdem man deren Vererbungsmuster mit denen der Markierungen abgeglichen und zusammengefügt hatte.

Diese Möglichkeit, die menschlichen Chromosomen zu kartieren, wurde als »neue Genetik« begrüßt, und sie führte rasch zu ersten Erfolgen. 1983 gelang es auf diese Weise, das Gen, das in einigen Variationen die tödlich verlaufende Krankheit mit Namen Huntington Chorea hervorbringen kann, auf dem kurzen Arm von Chromosom 7 zu lokalisieren. 1987 wurde eine erste Genkarte des Menschen publiziert, die rund 400 Markierungen (Marker) enthielt – mit zunehmender Tendenz, die in dem kommenden Jahrzehnt zu 10 000 Markern führte (wobei inzwischen andere Techniken als die Riflips eingesetzt wurden). Im Sog dieser Kartierungen wandelte die Medizinische Genetik ihr Gesicht, indem sie bald mehr als 1000 Gene mit Krankheitswert wohl definierten Orten (Loci) auf den Chromosomen zuordnen konnte.

Der Wettlauf um das humane Genom

Damit ist der Hintergrund ausgeleuchtet, vor dem Dulbecco seinen Vorschlag einbrachte, das humane Genom zu sequenzieren, um einen vollständigen Katalog aller menschlichen Gene zur Verfügung zu haben. Der Plan stieß allein deshalb auf Skepsis, weil es um mehr

Der Wettlauf um das humane Genom

als drei Milliarden Basenpaare ging, die es in die richtige Reihenfolge zu bringen galt. Die damaligen Methoden erlaubten bestenfalls das Ermitteln von 300 Basenpaaren an einem Stück, was bedeutete, dass Heerscharen von Assistenten oder Doktoranden benötigt würden, um jahrelang repetitive und damit stumpfsinnige Arbeiten zu verrichten. Zum Zweiten ließ sich abschätzen, dass es rund einen Dollar kosten würde, die Position einer Base ausfindig zu machen, und wenn tatsächlich drei Milliarden Dollar dafür ausgegeben würden, müssten andere Bereiche der Forschung zurücktreten und mit stark geschrumpften Budgets ihre Ziele verfolgen.

Das Geld ist eine Sache, die Größenordnung der Aufgabe eine andere. Um sich die anvisierten Milliarden Bausteine vorstellen zu können, lohnt ein Vergleich mit Büchern und Bibliotheken. In einem Buch wie diesem befinden sich gut 1500 Buchstaben (Zeichen) auf einer Seite. Zwei Seiten würden 3000 Buchstaben fassen und damit etwa die Menge, die ein Virus an Basenpaaren hat. Bakterien verfügen über rund drei Millionen solcher Bausteine, was zweitausend Seiten – also ein sehr dickes Buch – ergeben würde. Der Schritt von den Bakterien zum Menschen erfordert erneut den Faktor 1000 – von drei Millionen zu drei Milliarden Basenpaaren. Für so viele Buchstaben benötigte man 1000 Bücher mit mehr als 1000 Seiten oder eben eine ganze Bibliothek.

Wie lange würde man brauchen, um diese Menge zu lesen? Als das Projekt konzipiert wurde, hätte man mit den verfügbaren Techniken etwa ein Jahr (und viel Geduld) gebraucht, um gerade einmal um die 12 000 Basenpaare zu sequenzieren. Ohne die optimistische Annahme, dass große technische Fortschritte hier Abhilfe schaffen werden, wäre an dieser Stelle jede weitere Planung sinnlos gewesen. Bald kamen Maschinen auf den Markt, die für 12 000 Basenpaare nur noch 20 Minuten benötigten, und der letzte Stand der technischen Dinge besagt, dass es möglich ist, 12 000 Buchstaben des Genoms pro Minute lesbar zu machen. Da dies in vielen Laboratorien geschieht,

Auf dem Weg zur Genomsequenz

Walter Gilbert

wächst die Genombibliothek im Augenblick um circa 3000 Buchstaben pro Sekunde, also um zwei Seiten.

Man vermutete schon länger, dass nur rund 10 % des Erbmaterials des Menschen das darstellte, was man Gene nannte. Zwischen diesen informativen und relevanten Segmenten lagen wahrscheinlich viele Stellen ohne Bedeutung, die abfällig als »junk« tituliert wurden. Warum – so fragten viele Molekularbiologen – soll man all diese DNA sequenzieren, wenn man nur die wichtigen 10 % braucht, die man sicher anders bekommen kann?

Doch das Projekt lief an. Allen voran entwarf Walter Gilbert einen Weg, in welchen Schritten es gelingen könnte, eine komplette Sequenz zu erreichen. Dabei kam es unter anderem darauf an, die langen DNA-Moleküle, aus denen das Genom besteht, erstens geeignet zu fragmentieren, zweitens die Bruchstücke in ausreichender Menge herzustellen und drittens deren Basenfolge zu bestimmen. Um ausreichend Material für die Sequenzierung herzustellen, werden die produzierten DNA-Fragmente mit Hilfe der Gentechnik kloniert. Die Sequenzierung des Genoms erfolgt dann Klon nach Klon.

Der ursprüngliche Plan, sich direkt am Menschen und seinem Genom zu versuchen, wurde bald zugunsten der Strategie aufgegeben, erst die kleinen Genome von solchen Organismen zu sequenzieren, mit denen man viel experimentelle Erfahrung hatte – also von Bakterien, Hefepilzen, Fliegen und Würmern. All diese Bemühungen wurden ab 1990 unter dem Dach des Humanen Genomprojektes zusammengefasst und organisiert. Es stellte den ersten Versuch der biologischen Wissenschaft dar, Management zu lernen und eine

Der Wettlauf um das humane Genom

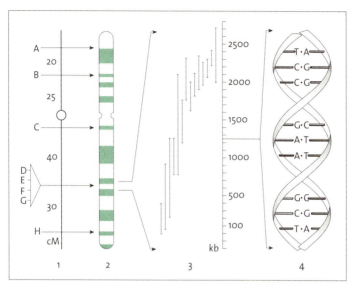

Walter Gilberts Vorschlag, Schritt für Schritt an die Sequenz der menschlichen DNA zu kommen: Schritt (1): Eine Genkarte, auf der Krankheiten, physiologische Eigenschaften oder Polymorphismen verzeichnet sind. Schritt (2): Das mit den entsprechenden Markern versehene Stück wird isoliert. Schritt (3): Die zugehörige DNA wird fragmentiert und die Bruchstücke werden sequenziert. Schritt (4): Mit Computerhilfe lässt sich zuletzt daraus die DNA-Sequenz ableiten.

großräumige Infrastruktur aufzubauen, um die Mechanismen und Gesetze des Lebens zu erkunden.

Das erste große Projekt, das konkret auf diese methodische Weise seinen Weg gehen konnte, bestand in der Sequenzierung der 12 Millionen Basen, die das Genom der Hefe ausmachen. Zwischen 1992 und 1996 brachten zwölf kooperierende Laboratorien die Sequenzen individueller Chromosomen hervor, bis die vollständige Sequenz der Hefe vorlag. Durch den dabei erzielten Erfolg ermutigt, wagte man sich 1998 an die 97 Millionen Basen des kleinen Wurms mit dem schönen Namen *Caenorhabditis elegans*, was allein deshalb bemerkenswert ist, weil damit auch das Genom eines vielzelligen Organismus sequenziert wurde.

Doch während sich die Gemeinde der Genetiker auf ein kontinuierliches Weitermachen im alten Stil eingerichtet hatte, wurde die Welt der Genomforschung umgekrempelt. Plötzlich und unerwartet wurde von anderer Seite und mit einer anderen Methode die erste vollständige Sequenz eines Bakteriums publiziert. Im Jahre 1995 legten der Amerikaner Craig Venter und sein Team die 1,8 Millionen Basen des mit zur Grippe beitragenden Bakteriums *Haemophilus influenza* vor, der bis heute bereits fünfzig weitere Sequenzen von Mikroorganismen gefolgt sind, ohne dass sich ein Ende absehen ließe. Venter hatte zu diesem Zweck ein Unternehmen gegründet, wobei er diesen Schritt auf die Unentschlossenheit zurückführte, mit der die öffentliche Genomforschung gefördert wurde.

Tatsächlich hatten es alle Genomprojekte zunächst sehr schwer, an Forschungsgelder zu kommen. Was sich in der Außensicht als ein zwar dramatisches, aber friedliches und faires Wettrennen darstellen lässt, spielte sich in der Wirklichkeit der Laboratorien als ein hartes Ringen um Macht, Methoden und mehr ab. Da das Sequenzieren zunächst sehr viel Geld kostete, zögerten die sonst für die Finanzierung der öffentlichen Forschung zuständigen Behörden eine Zeit lang verständlicherweise, ihre Ressourcen an ein Projekt zu wenden, von dem niemand genau sagen konnte, wo es enden würde. Erst nachdem in den USA das Department of Energy unter seinem Direktor Charles DeLisi ab 1987 bereit war, Geld in Genomprojekte zu stecken, reagierten die National Institutes of Health (NIH), also die Behörde, die mit Abstand weltweit das meiste Geld für biomedizinische Forschungen zur Verfügung stellt. Im September 1988 wurde unter ihrer Führung ein Büro für Genomforschung eingerichtet, das bald in ein »National Center for Human Genome Research« (NCHGR) umgewandelt und einige Jahre von James D. Watson, dem Mitentdecker der Doppelhelix, geleitet wurde.

Der Wettlauf um das humane Genom

Zu dieser Zeit war das Sequenzieren immer noch langsam und teuer, und nur größte Optimisten konnten es schon wagen, von einem möglichen Abschluss des Projektes zu sprechen. Noch sehr viele wissenschaftliche und technische Fortschritte wurden benötigt, um überzeugend voranzukommen, und sie kamen zunächst aus Frankreich, genauer aus den Pariser Laboratorien von Daniel Cohen und Jean Weissenbach, die mit neuen Strategien nach dem Vorbild der Riflips immer genauere Genkarten anfertigen und damit das Genom immer besser zugänglich machen konnten.

Mit diesen Entwicklungen und den zunehmend leistungsfähigeren Computern im Hintergrund – und kräftigen Geldspenden ihrer Hersteller und anderer Mitglieder der Finanzwelt – taucht schließlich zu Beginn der neunziger Jahre eine schillernde Figur in der Genomforschung auf, die ihr eine neue Geschwindigkeit und eine neue Dimension gibt. Gemeint ist die ökonomische Dimension, und eröffnet wird sie von Venter, der 1992 sein erstes Unternehmen gründet, dessen Produkt Genomdaten in Form von Gensequenzen sind. Es heißt »The Institute for Genomic Research«, liegt in Rockville im US-Bundesstaat Maryland und wird in aller Welt aufgrund seiner Abkürzung bekannt, die bewusst raubtierhaft klingt: TIGR. Venter ist überzeugt davon, dass sich die genetischen Informationen verkaufen lassen – zum Beispiel an die medizinischen Forschungsinstitute, die sich für Krebs interessieren, oder an die Pharmaindustrie, die nach Angriffspunkten für neue Medikamente sucht –, und er sinnt folglich nach Wegen, die von seinen Mitarbeitern sequenzierten Gene beziehungsweise Genabschnitte patentieren zu lassen. Ihm geht es nicht um Vollständigkeit bis ins letzte (vielleicht nutzlose und zufällige) Detail. Ihm geht es um anwendungsfähige Ergebnisse, und sie will er so schnell wie möglich bekommen und anbieten. Zunächst ersinnt Venter ein unter dem Stichwort »expressed sequence tags« (EST) bekanntes Verfahren, mit dem es möglich wird, die aktiven und somit interessanten Gene in einem Genom auszusondern und von dem ver-

25

Auf dem Weg zur Genomsequenz

Craig Venter vor den Sequenziermaschinen

bleibenden »Abfall« der übrigen Sequenzen zu trennen. Und etwas später findet er einen Weg – die so genannte Schrotschussmethode oder Shotgun-Sequenzierung –, auf dem sich auf zwar unelegante, dafür aber schnelle Weise viel mehr DNA-Sequenzen ermitteln lassen, als die herkömmlichen Methoden liefern konnten, die in den öffentlich finanzierten Genomprojekten eingesetzt werden. Venters Verfahren setzte mehr auf Computerkapazitäten als auf raffinierte Überlegungen.

Er nutzt jede Möglichkeit der Automatisierung und wirbelt dabei die Welt der Genomforschung wild durcheinander – zuerst und nachhaltig mit der Sequenz von *Haemophilus influenza*. Diese und andere Projekte bringen ihm am Ende des 20. Jahrhunderts die große Aufmerksamkeit des Publikums ein, wobei auf diese Weise oft der Eindruck entsteht, als hätte Venter das Humangenom mit seinen Streichen fast im Alleingang erledigt. Dem ist entschieden zu wider-

Der Wettlauf um das humane Genom

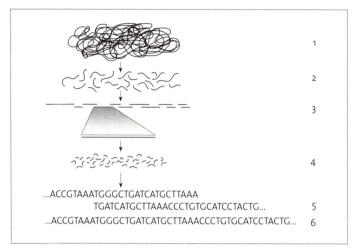

Die »Schrotschussmethode«: Das Genom (1) wird mit gentechnischer Hilfe in Fragmente zerlegt (2), die dann als Genombibliothek aufbewahrt werden. Hat man zusammenhängende DNA-Sequenzen kloniert, die an ihren Enden überlappen (3), kann man durch erneute Zerlegung (4) die kleineren Fragmente generieren und sequenzieren. Die Hauptaufgabe besteht zuletzt darin, diese Sequenzen (5) der Schrotschussfragmente in die richtige Reihenfolge zu bringen (6). Im Englischen ist von der »assembly« – der Montage – die Rede.

sprechen, denn bei allen Vorzügen von Venters Schrotschussmethode – das Verfahren hat gerade beim menschlichen Genom seine Schwächen und Mängel, die durch den hohen Prozentsatz an **repetitiver DNA** zustande kommen. Durch die zahlreichen Sequenzwiederholungen kommt das Montieren (»assembly«) der Schrotschussfragmente immer wieder durcheinander, und allein auf sich gestellt wäre dieser Ansatz gescheitert.

Venter brauchte die Hilfe der anderen Seite, also der Vertreter der öffentlichen Wissenschaft, auf der inzwischen Francis Collins als Direktor agierte, dem die kommerzielle Verwertung der Daten ein Gräuel war. Collins und seine Kollegen aus den Universitäten be-

Auf dem Weg zur Genomsequenz

schließen deshalb 1996 die so genannten Bermuda-Prinzipien, mit denen alle Teilnehmer an Genomprojekten verpflichtet werden, ihre Daten innerhalb von 24 Stunden einer allgemein zugänglichen Datenbank zur Verfügung zu stellen. Zahlreiche Stiftungen fördern die angeschlossenen Labors.

Venter reagiert mit der Gründung einer weiteren Firma, die er nach dem lateinischen Wort für Geschwindigkeit Celera nennt. Und er ist wirklich schnell. Im Mai 1998 schockiert er seine öffentlichen Kontrahenten, indem er verkündet, mit seinen Computern und Verfahren das menschliche Genom innerhalb von drei Jahren komplett sequenziert zu haben. Er ist damit der erste Wissenschaftler, der einen Termin nennt. Wenn auch niemand behaupten sollte, dass Venter sein kühnes Versprechen eingelöst hat, so muß doch unumwunden zugegeben werden, dass ohne seine ungewöhnliche Umtriebigkeit alles schleppender gegangen wäre.

Um wenigstens einen kleinen Einblick in den Aufwand zu bekommen, den Venter und sein Unternehmen treiben, sei erwähnt, dass bei Celera rund 300 automatische Sequenziermaschinen stehen – alle vom Typ, der ABI Prism DNA Analyzer heißt und einige Hunderttausend Dollar kostet –, und dass diese Geräte mit höchster Kapazität Tag und Nacht laufen, was unter anderem die jährliche Rechnung des Elektrizitätswerkes auf die schwindelnde Höhe von 1 Million Dollar bringt. Die kontinuierlich produzierten Sequenzdaten – in der Größenordnung von Tetrabytes – werden von speziell angefertigten Computern montiert, wobei die Berechnungen für die erste »assembly« 500 Millionen Billionen Sequenzvergleiche nötig machten. Die abschließenden Berechnungen benötigten 64 Gigabytes an Speicherkapazität.

Spätestens 1999 reagierten die aus öffentlichen Mitteln finanzierten Wissenschaftler auf diese Herausforderung. In einer groß angelegten weltweiten Kooperation mit Schwerpunkten im britischen und amerikanischen Cambridge und wesentlichen Zuarbeiten aus

Der Wettlauf um das humane Genom

Japan und Deutschland holten sie Chromosom für Chromosom und Sequenz für Sequenz Venters Vorsprung auf, und im Juni 2000 entschlossen sich das öffentliche Genomprojekt und die private Celerainitiative, ihre Daten zusammenzulegen, um gemeinsam von einer ersten umfassenden Kenntnis des menschlichen Genoms berichten zu können. »Das humane Genom« wurde dann – unter diesem Titel – zum ersten Mal im Februar 2001 publiziert, wobei noch viel Feinarbeiten und Sequenzangleichungen nötig werden, bevor hier wirklich alle zufrieden sein können. Zurzeit besteht die Absicht, im Frühjahr 2003 das offizielle Ende des Humanen Genomprojektes bekannt zu geben und das menschliche Genom als bekannt anzusehen.

Jetzt haben wir das humane Genom und wissen gar nicht, wessen DNA-Sequenz denn da vorliegt. Wessen Basenpaare kennen wir nun in der aufgereihten Form?

Die Antwort lautet, dass es nicht einen einzelnen DNA-Spender, sondern eine große Zahl von ihnen gibt. Sie haben sich aufgrund von Anzeigen in lokalen Zeitungen bei wissenschaftlichen Laboratorien gemeldet, wo ihnen Zellproben entnommen wurden, die dann so aufbewahrt und weitergegeben wurden, dass keiner mehr weiß, mit wessen DNA er arbeitet. Von Anfang an wurde darauf geachtet, Individuen zu nehmen, die sich zu verschiedenen Volksgruppen zugehörig fühlten. In dem humanen Genom stecken die Sequenzen von afrikanischen, asiatischen, amerikanischen, europäischen, kaukasischen und hispanischen Menschen. Natürlich unterscheiden sich die einzelnen Spender untereinander. Aber aus ihnen allen lässt sich die eine gemeinsame Sequenz – eine Konsensus-Sequenz – ableiten, die wir jetzt »menschlich« nennen. So zeigt die Wissenschaft am Genom, dass es viel gibt, was uns eint, und nur wenig, was uns trennt – und zwar schon auf der genetischen Basis. (Leider hat sich inzwischen herausgestellt, dass Venter Foul gespielt und das private Projekt ausgenutzt hat, um alleine seine Sequenz bestimmen zu lassen. Seine Daten sind also nahezu wertlos.)

BEIM BETRACHTEN DER DATEN

Das Modewort, mit dem erst die Zeitungen und dann deren Leser – zum Beispiel Politiker und Ethiker – ankündigen oder beschreiben, dass es wieder ein neues Genom – genauer: die dazugehörige Sequenz von Basen als scheinbar endlose Reihe von Buchstaben – in einer Datei nachzuschlagen und zu bestaunen gibt, heißt »Entschlüsselung«. Nichts wird in dem hier verhandelten Zusammenhang häufiger behauptet, als dass ein Genom entschlüsselt worden sei. Dabei könnte kein Wort mehr an der Sache vorbeigehen. Schließlich lässt sich nur *ent*schlüsseln, was vorher ein konkreter Jemand *ver*schlüsselt hat, und darüber ist weder den Genetikern noch den Theologen etwas bekannt.

Dies hat leider im Juni 2000 den damals amtierenden Präsidenten der USA, Bill Clinton, nicht daran gehindert, bei der Pressekonferenz im Weißen Haus, auf der die sich streitenden öffentlichen und privaten Genjäger ihre bisherigen Ergebnisse gemeinsam zusammenfassten und der Welt präsentierten, davon zu sprechen, nun Gott in die genetischen Karten geschaut und seinen Plan zu Gesicht bekommen zu haben. Zwar hat trotz der präsidialen Ansicht niemand in den vorgelegten Sequenzen einen Hinweis auf – und erst recht keinen Beweis für – Gott gesehen, doch dies hat ebenso wenig jemanden dazu gebracht, das Gerede vom »Entschlüsseln« einzustellen. Das Genom ist nicht entschlüsselt, es ist bestenfalls entziffert und wahrscheinlich nur offen gelegt worden. Dies aber auf jeden Fall, und so wollen wir unser Vokabular auf die beiden zuletzt angeführten Verben beschränken, wobei das »offen legen« neutraler ist und ohne die Metapher auskommt, dass es in den Zellen der Organismen tatsächlich Texte zu lesen gibt, was im Übrigen viele Genetiker kaum noch metaphorisch und fast selbstverständlich als höchst realistisch anzusehen scheinen.

Beim Betrachten der Daten

Craig Venter, Bill Clinton und Francis Collins (von links nach rechts) bei der Pressekonferenz im Weißen Haus, Juni 2000.

Genome werden also offen gelegt, und zwar spätestens seit der Mitte der neunziger Jahre im großen Stil und mit großem Tempo. Diese beiden Errungenschaften verdankt die Welt der Wissenschaft im Wesentlichen dem Auftreten von Craig Venter, dem alles viel zu langsam ging und der das vorsichtige Herantasten der Wissenschaft an die riesigen Sequenzen leid war. Venter wollte nicht raffiniert, sondern schnell sein, und er verspricht seinen Geldgebern, allein in Mikroorganismen die Sequenzen von mehr als 250 Millionen Basenpaaren zu kennen, in denen mehr als 300 000 Gene stecken.

Allerdings – als im Juni 2000 Collins und Venter gemeinsam im Weißen Haus verkündeten, dass die »menschlichen Erbanlagen weitgehend entschlüsselt« seien, da wurde dem staunenden Publikum etwas vorgeschwindelt. Bestenfalls 20 % einer menschlichen Sequenz waren damals (irgendeinem Computer) bekannt, und das

Humangenom war nicht einmal vollständig kartiert. Was man – trotz allen Montierens – im Juni 2000 als harte Fakten vorzulegen hatte, konnte man bestenfalls eine vorläufige Skizze oder einen halbfertigen Entwurf (»draft«) nennen, wobei das Wort der »draft sequence« jetzt schon Eingang in Lehrbücher findet. Solch eine Sequenz hat für die Forscher tatsächlich ihren Wert. Sie weist nicht irgendein Messergebnis aus, sondern das, was nach mindestens vier bis fünf Wiederholungen bei der konkreten Sequenzierung ziemlich korrekt an jeder einzelnen Position herausgekommen ist (mit einer Genauigkeit von 99,9 %, wie es in den Publikationen heißt). Allein mit dem Montieren (»assembly«) hapert es noch, und vor der endgültigen Sequenz (»finished sequence«) steht das hohe Hindernis des passenden Einordnens der vielen kurzen Fragmente, von denen jedes allein mit höchster Genauigkeit bekannt ist. Die Bioinformatik versucht, den Weg vom »draft« zum »finish« so schnell wie möglich zu finden, und zwar am Computer mit immer raffinierterer Software. Der Bioinformatiker wird zum Editor des genetischen Textes, den er auch kommentieren und – wie ein Philologe – annotieren kann. Die Sequenz, die man in einer Datenbank aufsucht, stammt nicht direkt aus der Natur, sondern zeigt die Handschrift eines Herausgebers.

Doch trotz allen Bemühens: Es dauerte fast noch ein weiteres Jahr – bis zum Februar 2001 –, bevor man mit Sequenzieren, Montieren und Annotieren weitergekommen war und »das Erbe der Menschheit«, wie das Humangenom seit der Zeit bezeichnet wird, tatsächlich korrekt angeordnet offen legen konnte. Und ganz fertig ist man selbst heute, im Jahr 2002, noch nicht.

Es lohnt sich auf jeden Fall, sehr vorsichtig mit den Informationen und Sequenzdaten umzugehen, die Genforscher anpreisen, wie vor allem die Mathematiker empfehlen, die letztlich die Datenmengen in den Griff bekommen müssen. Und es lohnt sich auch, noch vorsichtiger mit den Interpretationen zu verfahren, die sie mitliefern, um uns zu helfen.

Die ersten Erbanlagen

Das erste vollständig entschlüsselte Genom eines lebenden Organismus war die DNA des Bakteriums *Haemophilus influenza*, das viele von uns vor allem in den Nasenwegen mit sich tragen. Venter hörte zum ersten Mal im Jahre 1993 von diesem medizinisch wichtigen Einzeller, der über ein ringförmiges DNA-Molekül als Erbanlage (Genom) verfügt und dessen Umfang von weniger als zwei Millionen Basenpaaren ein verlockendes Ziel ausmachte. Der Unternehmer in Sachen Gensequenzen sah hier ein gutes Übungsfeld für seinen Ansatz, und er machte sich mit seinem Team an die Arbeit. Tatsächlich präsentierte sein Unternehmen TIGR zwei Jahre später das komplette Genom mit 1830137 Basen (Buchstaben), in dem die Biowissenschaftler mit mathematischer Hilfe 1743 Gene identifizieren konnten.

Der Arbeitsaufwand, der sich hinter solchen Ergebniszahlen verbirgt, ist immer noch enorm hoch. Für das (eher winzige) Genom von *Haemophilus influenza* mussten fast 30 000 Sequenzierungsexperimente mit rund 500 Basen langen Fragmenten durchgeführt werden. Sie waren nötig, um die Reihenfolge in den Bruchstücken erstens zuverlässig zu ermitteln – damit keine Lesefehler auftreten, wurde jeder Buchstabe der DNA im Schnitt sechsmal ermittelt –, und zweitens alle Einzelsequenzen geeignet in Beziehung zu setzen.

Den gelieferten Daten gilt es kritisch gegenüberzutreten (und man sollte niemals das Genom in einem Computer mit dem Genom in einer Zelle verwechseln). Natürlich wird niemand die genaue Abzählung der Basen in Frage stellen – selbst wenn man sich fragt, ob es wirklich auf jeden einzelnen Buchstaben ankommt und all die vielen Millionen Exemplare von *Haemophilus influenza*, die sich in ebenso vielen menschlichen Nasen tummeln, über exakt dieselbe Länge der 1830137 Basen verfügen –, doch was die Zahl der Gene angeht, darf man sich mehr wundern. Gene haben sicher eine materielle Basis

Beim Betrachten der Daten

– nämlich die DNA mit ihren Sequenzen –, aber Gene haben vor allem Funktionen, und die zeigen sich nicht in der Buchstabenkette.

Die schwierige Frage, »Wie zählt man Gene in einem Genom?«, ist nicht nur wichtig, weil sich eine der zitierten Definitionen des Genoms nach dieser »Gesamtzahl« richtet, sondern weil es im derzeitigen Verständnis der Biowissenschaften die Gene sind, auf die es ankommt, also auch auf ihre **Zahlen**. Grob gesagt gibt es zwei Wege, Gene zu zählen, und zwar von oben und von unten. »Von oben« heißt dabei, dass man nach den Genprodukten in einer Zelle schaut und ihnen die jeweils dazugehörenden Gene zuordnet, die man dann zählen kann. »Von unten« heißt, dass man in den DNA-Sequenzen Kandidaten ausmacht, die als Gene in Frage kommen.

Wie zählt man Gene von den Sequenzen her? Im Verständnis der Biologen liefern Gene die Information für den Bau von größeren Molekülen, und die Natur geht bei dieser Proteinsynthese nach dem berühmten genetischen Code vor, der in den Lehrbüchern der Genetik nachzulesen ist. Das Ablesen (Benutzen) der Sequenzen beginnt danach nicht irgendwo, sondern an einem genau festliegenden Startsignal, dem Startcodon, das aus der Dreierkombination (Triplett) ATG besteht. Ebenso gibt es Stoppsignale, die drei Stoppcodons TAA, TAG und TGA. Wenn eines dieser Tripletts auftaucht, bricht die Übertragung, also die Verwendung der genetischen Information ab. In der Fachsprache wird nun ein DNA-Abschnitt, der mit einem Startcodon beginnt und ein Stück lang nicht durch ein Stoppsignal unterbrochen wird, als Offener Leserahmen bezeichnet, was auf Englisch Open Reading Frame (ORF) heißt. Für einen Computer mit der entsprechenden Software ist nun nichts leichter, als in einer gegebenen Sequenz nach solchen Leserahmen zu fahnden, wobei die Länge zwischen Start- und Stoppsignal vorgegeben werden kann und sich nach der kleinsten bekannten Größe von Genprodukten richtet, die in dem analysierten Organismus gefunden werden konnte. Was der Computer als ORF zählt, kann man nun die Zahl der Gene nennen, die zu

Die ersten Erbanlagen

> Die Folge
> A A T G G C A T G G A C T G A G C G C G
> kann auf drei Weisen gelesen werden:
>
> A . ATG G C A . T G G . A C T . G A G . C G C . G
>
> A A . T G G . C A T . G G A . C T G . A G C . G C G
>
> A A T . G G C . A T G . G A C . TGA . G C G . C G

Open Reading Frames

einem Genom gehören. Doch so eindeutig das jeweilige Ergebnis dieses Verfahrens ist, so zweifelhaft ist seine Akzeptanz.

Es gibt noch andere Möglichkeiten und Tricks, Gene zu zählen. Sie lassen sich dadurch verfeinern, die Sequenzen von Genen zu suchen, die man in anderen Organismen bereits entdeckt hat.

Als konkretes Problem der Forschung ist dieser Tatbestand in jüngster Zeit am Beispiel des Hefegenoms aufgetaucht, als Genetiker der Yale-Universität dadurch, dass sie die Analyse der Gendaten mehr funktionell und weniger strukturell durchführten, auf einen Schlag mehr als einhundert neue Gene entdecken und aufdecken konnten, die bislang unbemerkt geblieben waren. Wie gesagt, an den Daten, die seit 1996 vorliegen, hat sich nichts geändert, nur an der Art, wie Genetiker mit ihnen umgehen und sie auswerten.

Diese rund 100 neuen Hefegene müssen den bisherigen rund 6000 Genen hinzugefügt werden, die in den ersten Analysen nach Fertigstellung der Sequenz gefunden und gezählt wurden, und es ist keineswegs ausgemacht, dass damit das Ende der Fahnenstange erreicht ist. Auffällig ist dabei, dass die jetzt erst nachgewiesenen Gene ziemlich kurz sind und die Anfertigung von eher kleinen Produkten ermöglichen. »Klein« heißt dabei konkret, dass die dazugehörigen Proteine aus weniger als 100 Bausteinen bestehen, und von Molekülen dieser Dimension wissen die Biochemiker, dass sie sich gerne ihren Analysemethoden entziehen.

Beim Betrachten der Daten

Damit kann man die Kenntnis des Hefegenoms, zu dem mehr als 600 Wissenschaftler in aller Welt beigetragen haben, endlich positiv darstellen, denn selbst die 6000 Gene, die bei den ersten Zählungen ermittelt waren, ließen die Hefeforscher staunen. Sie hatten niemals damit gerechnet, dass so viele Genprodukte nötig sind, um einer Hefezelle durchs Leben zu helfen. Und so stellte sich ihnen nach der erfolgreichen Sequenzierung eine völlig ungewohnte Aufgabe. Statt nach Proteinen zu suchen, die Funktionen der lebenden Hefezelle erklären konnten, suchte man jetzt nach den Funktionen, die von den Proteinen ausgeführt wurden, die das Genom zur Verfügung stellte. Tatsächlich ist die Rolle von rund 200 Hefegenen mehr oder weniger unbekannt.

Die wissenschaftliche Untersuchung der Hefe (oder einer anderen Lebensform) beginnt normalerweise mit der Beobachtung einer Fähigkeit (Funktion), für die man dann die molekulare Grundlage (sprich: die Genprodukte oder Proteine) sucht. Nun hatte man eine Menge von Proteinen, für die man Funktionen suchte. Beim Zählen der Gene in der Hefe musste eine Schwierigkeit gelöst werden, die beim Genom von *Haemophilus influenza* keine Rolle spielte: Während in Bakterien wie *Haemophilus influenza* Gene »am Stück« vorliegen, findet man in der Hefezelle Gene »in Stücken«. Wie seit dem Ende der siebziger Jahre bekannt ist, ordnen die Zellen von eukaryontischen Organismen ihre genetische Information mosaikartig an. Man spricht von **Mosaikgenen**, die sich durch zwei Teile charakterisieren lassen. Zwischen den informationstragenden Stücken, die gelesen (»exprimiert«) werden und Exon heißen, liegen stumme Abschnitte, die ihrer Position wegen Intron heißen. Wichtig für den hier verhandelten Zweck des Zählens ist zum einen die Tatsache, dass ein Stoppsignal in einem Intron weniger wichtig ist als in einem Exon (wenn es dort überhaupt eine Bedeutung hat), und wichtig ist zum zweiten die Tatsache, dass niemand (beim Blick auf einen Computerbildschirm) sagen kann, wie sich die Sequenz eines Introns von

Die ersten Erbanlagen

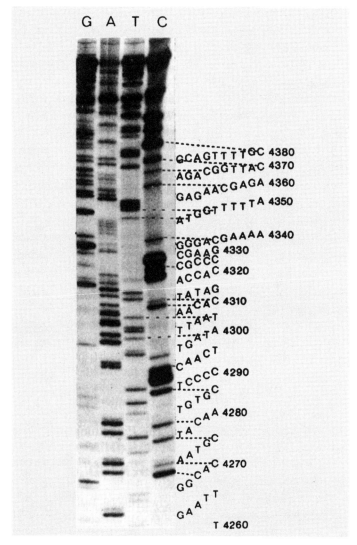

Autoradiogramm eines Ausschnitts der DNA-Sequenz des Phagen ΦX 174.

Beim Betrachten der Daten

der eines Exons unterscheidet. Die Frage lautet dann natürlich, wie man der Software beibringt, dass sie beim Genzählen in diesem Fall Stoppsignale berücksichtigt.

Keine leichte Aufgabe, die durch die jüngsten Nachzählungen nicht einfacher wird und bei deren Lösungsversuchen in Zukunft sicher noch spannende Einsichten in das Genom und seine Organisation gelingen. Eine Merkwürdigkeit hatte man dabei schon festgestellt, als von den großen Genomprojekten noch gar keine Rede war. Die erste vollständige Sequenz einer im biologischen Rahmen interessanten Lebensform gab es nämlich schon lange, bevor die dargestellte neue Genetik den Zugriff auf die menschlichen Informationen möglich machte. Die erste Gensequenz konnte der Brite Fred Sanger mit seinem Team bereits in den siebziger Jahren ermitteln, und zwar von einem Virus mit dem wenig poetischen, dafür aber systematischen Namen ΦX 174. Sangers Ziel bestand darin, einen seltsamen Widerspruch aufzulösen. Er wußte zum Einen, dass die DNA des Bakterienfressers ΦX 174 5375 Bausteine umfasste, und er erkannte zum Zweiten, dass es mindestens neun Genprodukte (Proteine) gab. Sanger analysierte diese Proteine und rechnete nach, wie viel Bausteine für ihre Codierung nötig waren. Seine Antwort fiel um rund 700 Nukleotide höher aus, als ΦX 174 zur Verfügung standen. Wie konnte das sein?

Die Antwort musste in der Sequenz stecken, und als sie ausgearbeitet vorlag, sah man den Trick der Natur: Während die Genetiker immer davon ausgegangen waren, dass in einem Genom oder auf einem Chromosom ein Gen neben einem anderen lag, stellte sich jetzt heraus, dass Gene sich nicht nur überlappen, sondern sogar vollständig ineinander enthalten sein konnten. Durch eine leichte Verschiebung des Leserasters konnten Startsignale neu definiert und alte Stoppsignale vermieden werden. Im Genom gilt es, keinen Platz zu verschenken, und so nutzt die Natur Sequenzen doppelt – und vielleicht sogar dreifach – aus, um Leben zu ermöglichen.

Die ersten Erbanlagen

Mit anderen Worten: Nicht nur die großen Tiere – wie die Menschen – zeigen höchst raffinierte Organisationsformen, sondern auch die kleinen Hervorbringungen der Natur können uns staunen lassen – auf ihre Weise. In den letzten Monaten konnten dabei vor allem zwei Tierchen die Aufmerksamkeit auf sich ziehen, und zwar das im Meer lebende (marine) Manteltier *Oikopleura dioica*, das zum Plankton gehört, und der einzellige Parasit *Encephalitonzoon cuniculi*, der sich in menschliche Zellen bohren und dort gut einrichten kann. Von beiden Lebensformen konnten jetzt die Genome offen gelegt werden, die auffallend winzig sind.

Beginnen wir mit dem Parasiten *Encephalitonzoon cuniculi*, dessen Genom aus insgesamt elf Chromosomen besteht, das insgesamt 2 507 519 Basenpaare umfasst und in dem man 1997 Sequenzen vermutet und gezählt hat, die zu Proteinen führen (können). Spannend an diesem Genom sind nun nicht die Sequenzen, die vorhanden sind, sondern die, die fehlen beziehungsweise diejenigen, die von Forschern vermisst werden. Jede Lebensform muss in der Lage sein, Stoffwechsel zu betreiben, und wenn die Biologen und Mediziner in den letzten einhundert Jahren etwas genau untersucht haben, dann die Details dieser unentwegten biochemischen Umschichtung und Umformung in den Zellen, die man auch als Metabolismus kennt. *Encephalitonzoon cuniculi* hat sich nun von vielen dieser Basisfunktionen, die von Proteinen durchgeführt werden und für die es also Gene geben muss, befreit. Der Parasit überlässt sie einfach seinem Wirt, und was die Gene angeht, die er für sich selbst behält, so hat ihm die Evolution geholfen, sie so dicht wie möglich zu packen und so kurz wie möglich zu halten. Vielleicht lässt sich jetzt endlich über die Genomanalyse erkunden, wie es die Parasiten im Verlauf der Evolution geschafft haben, zu der am weitesten verbreiteten und am stärksten verzweigten Form des Lebens herangewachsen zu sein. Die Genomsequenz wird – im Laufe der bevorstehenden Analysen – vielleicht zu erkennen geben, woher der genannte oder andere

Beim Betrachten der Daten

Parasiten – wie die Überträger der Schlafkrankheit – all ihre Gene bekommen und was für sie die essenziellen Funktionen des Lebens sind.

Was das Planktontierchen *Oikopleura dioica* angeht, so umfasst sein Genom immerhin rund 50 Millionen Basenpaare, was aber den Forschern immer noch viel zu wenig ist, da sie mehr als 15 000 Gene in seinem Erbgut vermuten. Wenn man mit diesen Zahlen rechnet, ermittelt man kaum mehr als 3000 Basenpaare für ein Gen, was allein deshalb heute als höchst unwahrscheinlich angesehen wird, weil menschlichen Genen übereinstimmend eine Länge von rund einer Million Bausteinen zugesprochen wird. Das erste genaue Hinsehen der Analytiker hat nun gezeigt, dass die Planktontierchen ihr Minigenom dadurch zustande bringen, dass sie ihre Gene erstens sehr eng beieinander anbringen – ohne viel Müll (»junk«) dazwischen –, dass sie zweitens die Introns viel kürzer konstruiert haben, als man es bisher kennt, und dass sie drittens fast ganz auf etwas verzichten, das in Genomen höherer Lebensformen – etwa von Säugetieren und Menschen – schon früh aufgefallen ist und immer noch Rätsel aufgibt. Während es dort immer wieder vorkommt, dass Sequenzen in vielen Kopien auftreten – die Wissenschaftler sprechen von repetitiven Sequenzen, die entweder tandemartig hintereinander liegen oder im ganzen Genom verstreut sein können –, wiederholen die genetisch sparsamen kleinen Meerestierchen *Oikopleura dioica* in ihrem Erbgut kaum eine Sequenz. Und wenn sie dies doch tun, handelt es sich um einen sehr kurzen Genomabschnitt.

Die Sequenz eines Genoms ist also nicht das Ende der Bemühungen. Sie markiert vielmehr den Anfang. Und was für Plankton und Parasiten gilt, trifft mit Sicherheit auch auf uns zu. Doch bevor sich der Blick endgültig auf unser Genom richtet, noch eine Anmerkung zu den wiederholten DNA-Sequenzen, die jetzt vermehrt gefunden werden und die Biologen an eine alte Theorie der Evolution erinnern, die auf Susumu Ohno zurückgeht. Dieser Genetiker hatte bereits in

Die ersten Erbanlagen

	H. influenza	S. cerevisiae	C. elegans	D. melanogaster
Geschätzte Gesamtzahl	1709	6241	18424	13601
Genduplikationen	284	1858	8971	5536

Geschätzte Genzahlen und Genduplikationen.

den siebziger Jahren – vor allen Genomprojekten – die Idee, dass die Evolution möglicherweise dadurch vorankommt, dass sie Genome verdoppelt, und zwar nicht nur für eine neue, sondern in der alten Zelle. Diesem Vorschlag lag folgende Vorstellung zugrunde: Wenn ein Mechanismus im Leben von Zellen zu funktionieren hat, dann ist es die Verdopplung des genetischen Materials. Im Zellkern müssen Bedingungen herrschen oder entstanden sein, die das Produzieren von DNA-Molekülen als Regel und nicht als Ausnahme erscheinen lassen, wobei manchmal zu viel des Guten getan wird. Die durch solche Duplikationen erreichte Redundanz von Sequenzen könnte anschließend von der Zelle genutzt werden, um neue Gene mit neuer Funktion sich entwickeln und bewähren zu lassen.

Was lange Zeit als ein zu unwahrscheinlicher Mechanismus galt, gewinnt beim Blick auf die Sequenzdaten heute mehr und mehr Überzeugungskraft; Genome stecken voll von Duplikaten. Auf jeden Fall kann Ohnos Idee jetzt so getestet werden, wie es einer wissenschaftlichen Hypothese zusteht. Die erste Konferenz über »Gene and Genome Duplications and the Evolution of Novel Functions« hat bereits stattgefunden – im April 2001 im französischen Aussois – und sie wird nicht die letzte gewesen sein.

Das menschliche Genom

Als offizieller Termin für die Offenlegung des menschlichen Genoms gilt zurzeit noch der 15. beziehungsweise 16. Februar 2001. An diesen Tagen erschienen die beiden Ausgaben der britischen Wissenschaftszeitung *Nature* und des amerikanischen Magazins *Science*, die auf ihren Titelblättern versprachen, »The Human Genome« zu enthalten. Das öffentlich geförderte »International Human Genome Sequencing Consortium« spricht in seiner Publikation vorsichtig nur von einem »Initial sequencing« des humanen Genoms, ohne sich dabei von dem auftrumpfenden »The Sequence of the Human Genome« stören zu lassen, mit dem Venters Truppe aufmarschiert. Davon konnte auch tatsächlich keine Rede sein, wie sich in den nachfolgenden Monaten immer deutlicher herausstellte.

Um die Jahrtausendwende wurde der größte Teil des Genoms der Fliege *Drosophila melanogaster* mit 120 Millionen Basenpaaren entziffert. Das gesamte Genom der Fliege besteht aus 180 Millionen Basenpaaren. Die riesige Lücke von 60 Millionen stört die Wissenschaftler deshalb nicht, weil die vier Chromosomen der Fliege offenbar über weite Bereiche mit monotonen Sequenzen bestückt sind, die bestimmte Buchstabenfolgen scheinbar endlos wiederholen. Sie sind erstens nicht so ohne weiteres mit den verfügbaren Techniken in den Griff zu bekommen, und sie scheinen zweitens beim Verständnis der Fliege nicht weiterzuhelfen. Deshalb wird in naher Zukunft kein Wissenschaftler seine Arbeitszeit dafür verwenden, das Fliegengenom wirklich vollständig zu erfassen. Er und seine Kollegen begnügen sich mit den verfügbaren Daten, die sie als »substanziell vollständig« oder als »essenziell vollständig« einstufen und benutzen, um Genomsequenzen zu vergleichen, denn dafür sind sie ja – unter anderem – da.

Wer zum Beispiel die Genomsequenzen von Hefe, Wurm und Fliege vergleicht, wird bald erkennen, dass es rund 3000 (maschinenles-

Das menschliche Genom

Titelblätter der Zeitungen *Science* und *Nature* im Februar 2001

bare) Gene gibt, die alle drei eukaryontischen Lebewesen gemeinsam haben und die so etwas wie die grundlegende Ausstattung einer Zelle darstellen könnten. Zudem lassen die beiden tierischen Genome (von Fliege und Wurm) Übereinstimmungen erkennen, die der Hefe fehlen. Mit der Möglichkeit, Sequenzen zu vergleichen, tut sich den Bioforschern eine neue Welt auf, in die letztlich auch das menschliche Genom Eingang finden wird.

Francis Collins hat einmal die »Top Ten« der Genomüberraschungen zusammengestellt. Hier seine Liste (versehen mit Kommentaren):

10) Das menschliche Genom zeigt keine homogene und gleichmäßige Verteilung der Gene (verstanden als DNA-Regionen, aus denen Produkte hervorgehen); es gibt vielmehr Abschnitte mit hoher und Bereiche mit sehr niedriger Gendichte (womit die Zahl der Gene pro Millionen Basenpaare gemeint ist); Chromosom 17 und 19 sind zum Beispiel viel dichter mit Genen besetzt als Chromosom 18.

Beim Betrachten der Daten

9) Die Zahl der Gene muss mit kaum mehr als 30 000 abgeschätzt werden; sie erweist sich damit als wesentlich kleiner, als vorher in den meisten Schätzungen erwartet worden war. (Inzwischen ist das Vertrauen in die entsprechenden Suchmaschinen und Algorithmen gesunken, deshalb auch in die immer neuen Abschätzungen der Gesamtzahl der Gene.)

8) Die geringe Zahl der menschlichen Gene wird dadurch kompensiert, dass ihre Mosaikstruktur mehr Stücke (Exons, Introns) umfasst als die Gene anderer eukaryontischer Organismen; und diese DNA-Stücke können auch noch auf verschiedene Weise zu anderen – also zu mehr – Proteinen zusammengesetzt werden; kurz gesagt, humane Gene können aufgrund ihrer größeren Zerstückelung mehr Proteine bereit stellen, die dann auch mehr Funktionen übernehmen und eine Zelle zum Beispiel reaktionsfähiger machen.

7) Die dabei zustande kommenden Proteine einer menschlichen Zelle sind tatsächlich raffinierter gebaut als die anderer Organismen (etwa der Fliege oder der Maus). Um dies an einem Beispiel zu verdeutlichen: Während eine Fliege aus einem Gen (Struktur) ein gewöhnliches Küchenmesser mit Griff und Klinge und der Funktion des Schneidens anfertigt, stellt das entsprechende Gen des Menschen ein Schweizer Taschenmesser her, mit dem man neben dem Schneiden auch andere Tätigkeiten (Schrauben anziehen, Sägen, Flaschen öffnen) verrichten kann.

6) Durch den Vergleich mit bereits vorliegenden Genomsequenzen aus Bakterien konnte ermittelt werden, dass 223 menschliche Gene aus dieser evolutionären Quelle stammen. Wenn im Laufe eines Lebens Gene von einer Zelle in eine andere gelangen, sprechen die Biologen von einem horizontalen Gentransfer, um ihn von dem vertikalen Gentransfer zu unterscheiden, der von Generation zu Generation vor sich geht, wenn Menschen Kinder in die Welt setzen. Die erwähnten 223 Gene stellen demnach das Ergebnis von solch horizontalen Gentransfers dar.

Das menschliche Genom

5) Die repetitiven DNA-Sequenzen, die oben bei den Meerestierchen vorgestellt wurden und von denen es im menschlichen Genom reichlich gibt, bleiben zwar nach wie vor ohne klare Funktion für das Leben. Sie erfüllen aber eine für die Wissenschaft. Sie enthalten nämlich so etwas wie die fossilen Aufzeichnungen der Evolution des Genoms. Die repetitiven Sequenzen, die bei vielen Tierarten festzustellen sind, erlauben den Biologen den Blick in eine rund 800 Millionen Jahre während Vergangenheit des Lebens auf der Erde.

4) Wenn man genau sein will, kann man unter den repetitiven DNA-Folgen einige aussondern, die besonders oft vorkommen und daher hochrepetitiv heißen. Diese zumeist sehr kurzen Stücke haben die Biologen bekanntlich als Müll (»junk«) bezeichnet, also als DNA ohne Nutzen. Mit diesem Vorurteil räumt das Genomprojekt nun auf, indem es zum Beispiel bemerkt, dass eine dieser Sequenzen, die millionenfach auf den Chromosomen des Menschen gefunden werden kann – man spricht aus historischen Gründen vom Alu-Element –, nicht zufällig im Genom verteilt ist, sondern sich gehäuft und gezielt dort ansiedelt, wo die meisten Gene sitzen. Hochrepetitive und genreiche Sequenzen in enger Nachbarschaft – da verbirgt sich ein Muster, das zwar noch zu verstehen ist, das aber den unbefriedigenden Gedanken, hier handele es sich um nutzlosen Schrott oder gar Abfall, endlich ad acta zu legen erlaubt und spannende neue Hypothesen möglich macht.

3) Zwar geht es hier um das humane Genom, aber die in dem Projekt verwendete DNA stammte von mehreren Personen. Was publiziert wird, ist dann so etwas wie die häufigste Sequenz, die gefunden werden konnte. Man spricht gerne von der Konsensus-Sequenz, die mit den individuellen Daten verglichen werden kann. Dabei lässt sich (in kleinem Rahmen) feststellen, wer besonders stark vom »Normalfall« abweicht und wer nicht. Dabei ist ein kurioses Muster erkennbar geworden. Männer weichen doppelt so oft ab wie Frauen, was sich im Verständnis der Biologen auch durch den Hinweis aus-

drücken lässt, dass sich bei Männern die DNA doppelt so schnell ändert (mutiert) wie bei Frauen. Anders ausgedrückt und noch stärker interpretiert, zeigen diese Daten, dass die Männer für Bewegung im Genpool sorgen und die Evolution auf Trab halten, während die Frauen festzuhalten versuchen, was sich bewährt hat.

2) Trotz der Unterschiede, die eben erwähnt wurden: Die Menschen sind zu mehr als 99,9% identisch, und zwar unabhängig von Hautfarbe, Sprache oder irgendeinem anderen Merkmal, das gewöhnlich bemüht wird, um Rassenunterschiede zwischen Menschen festzulegen: Es gibt keine wissenschaftliche Basis für die Kategorie Rasse und damit für die dazugehörigen Unterscheidungen, die so viel Elend über die Menschen gebracht hat.

1) All diese Erkenntnisse – so schloss Collins seine »Top Ten« im Februar 2001 – sind nur möglich geworden, weil der Zugang zu den Genomdaten für alle ungehindert und kostenlos möglich war. Das offen gelegte Genom muss für alle offen sein, um Sinn zu machen.

Die bislang gewonnenen Erkenntnisse ermöglichen einen strukturellen Überblick über das menschliche Genom, das sich im Kern nahezu aller unserer Zellen befindet. Dabei überrascht immer wieder, dass tatsächlich nur zwei oder drei Prozent der Gesamt-DNA aus Abschnitten besteht, die in Produkte verwandelt werden. Wenn man bei der Metapher des Buches bleibt und das Genom als Text ansieht, dann lässt sich sagen, dass er viele Floskeln enthält. Das Genom sagt dann zum Beispiel: »Herr Ober, würden Sie bitte die große Freundlichkeit haben, mein inzwischen schon länger leer getrunkenes Glas erneut mit dem köstlichen Wein zu füllen, den Sie mir zu Beginn des Abends empfohlen und angeboten haben, wofür ich Ihnen im Übrigen sehr dankbar bin?« Es hätte natürlich nur »Wein« rufen müssen, um verstanden zu werden. Aber das Genom ist nicht so.

Wenn es nach manchen Biologen gegangen wäre, hätte man sich nie auf das Wettrennen mit Venters Firma eingelassen und wäre beim menschlichen Genom den alten verlässlichen Weg gegangen,

Das menschliche Genom

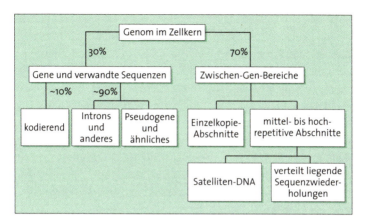

Kodierende und nichtkodierende Anteile des menschlichen Genoms

den man bei der Hefe so gut eingeübt hatte, nämlich die Sequenzierung Chromosom für Chromosom durchzuführen. Tatsächlich haben einige Arbeitsgruppen an diesem Konzept festgehalten. Die beiden kleinsten Chromosomen mit den Ziffern 22 und 21 sind schon seit längerem entziffert und Ende 2001 ist auch das Chromosom mit der Nummer 20 an die Reihe gekommen. Die abgeschlossene Sequenz umfasst insgesamt 59 187 298 Basenpaare – also rund 2% des kompletten Humangenoms –, wobei diese Menge nicht die gesamte DNA des Chromosoms, sondern nur etwas 99,5% davon umfasst. Das fehlende halbe Prozent der DNA von Chromosom 20 hat mit Sequenzen zu tun, die derart repetitiv sind, dass sie mit den verfügbaren Netzen nicht gefangen werden können. Dazu gehören vor allem die DNA-Stücke, die sich in der Region des Chromosoms befinden, die als Centromer bezeichnet werden und die den Übergang von seinem kurzen zu seinem langen Arm darstellen. Niemand glaubt, dass dieser Bereich mehr als eine mechanische Verbindung etabliert, und so verzichten die Genetiker bislang auf Versuche, die wahrscheinlich stupide Sequenz in der Mitte der Chromosomen genau zu ermitteln.

Beim Betrachten der Daten

Spannender als das Zentrum sind die Enden der Chromosomen, die in der Fachsprache Telomere heißen und ebenfalls repetitive Sequenzen umfassen – etwa tausend aneinander gereihte Kopien eines kurzen DNA-Fragments, die alle übereinstimmen. Schon seit Jahrzehnten wird von vielen Wissenschaftlern vermutet, dass Telomere wichtige Funktionen haben. Sie scheinen zum einen die Erbanlagen auf den Chromosomen zu versiegeln, und sie scheinen zum Zweiten mitzuzählen, wie oft eine Zelle sich geteilt und damit die Chromosomen vermehrt hat. Bei jeder Teilung werden die Telomere kürzer und scheinen auf diese Weise ein Maß für das Alter darzustellen. Einigen Zellen ist es tatsächlich gelungen, diese Verkürzungen zu vermeiden – den Krebszellen.

Zurück zur Sequenz von Chromosom 20, auf dem die Genetiker meinen, genau 727 Gene ausfindig machen zu können, was sich in eine Gendichte von 12 Genen pro Megabase (= 1 Million Basenpaare) umrechnen lässt. Mit der genannten Zahl liegt das Chromosom 20 zwischen dem Chromosom 22 mit 16,3 Genen/Megabase und dem Chromosom 21 mit nur 6,7 Genen/Megabase. Man sollte diese Angaben zwar nicht zu den ewigen Werten der Wissenschaft rechnen, man sollte zugleich aber nicht zögern, sie zur Orientierung zu benutzen, wobei Folgendes zu beachten ist. Bei der Angabe von Genzahlen taucht in der Fachliteratur seit kurzem immer häufiger ein Begriff aus der Literaturwissenschaft auf: Annotation, also »Kommentar« oder »Anmerkung«. Dabei werden bekannte Gene von neuen und von vermeintlichen unterschieden, wobei dieses Trio noch durch die besondere Kategorie der Pseudogene abgerundet wird, von denen es immerhin 168 Stück gibt. Darunter versteht man DNA-Sequenzen, die so tun, als ob sie Gene sind – der Leserahmen ist groß genug und die Buchstaben deuten auf ein funktionsfähiges Genprodukt hin –, die aber von der Zelle unbeachtet und unberührt gelassen werden.

Während die Rede vom Text des Lebens immer noch gängig ist, versuchen erste Biologen, von dieser Metapher Abschied zu nehmen.

Das menschliche Genom

Als Alternative wird oft von einer Chromosomen- oder DNA-Landschaft geredet, die mit Hilfe einer Genkarte zu erschließen ist, wobei man dabei in Wüsten (genarme Regionen) oder in fruchtbare Flusstäler (genreiche Regionen) gelangen kann, die wiederum dicht mit tropischen Wäldern besetzt sein können (womit ein Hinweis auf besonders wichtige Genprodukte gegeben werden soll).

Die Sequenzierer von Chromosom 20 weisen in ihrer Arbeit darauf hin, dass das gewählte Autosom am besten dafür bekannt ist, Gene zu beherbergen, die für die Creutzfeld-Jakob-Krankheit und die schwere Immunschwäche (»severe combined immunodeficiency«) verantwortlich sind. Allerdings müssen sie zugleich zugeben, dass sie wenig Neues zum Verständnis beitragen und zum Beispiel keine Variation (Mutation) in dem Gen finden konnten, das mit der Immunschwäche in Verbindung steht. Das zugehörige Protein wird durch die drei Buchstaben ADA abgekürzt, die für Adenosindesaminase stehen: Ein Ausfall dieses Proteins ADA, wie er durch eine unglückliche Variante in dem dazugehörigen Gen bewirkt werden kann, sorgt über mehrere Zwischenschritte dafür, dass die betroffene Person kein funktionierendes Immunsystem aufbauen kann und ohne medizinische und andere Hilfe lebensunfähig ist.

Winzige genetische Variationen – ein Baustein unter 60 Millionen auf Chromosom 20 – können also fatale Konsequenzen haben, und nachdem jahrzehntelang vergeblich versucht worden war, die Immunschwäche konventionell zu behandeln, haben amerikanische Ärzte zu Beginn der neunziger Jahre des letzten Jahrhunderts – mit gemischtem Erfolg – versucht, an dieser Stelle mit Hilfe einer Gentherapie weiterzukommen. Da es sich um die ersten Bemühungen dieser Art handelte, ist die Buchstabenkombination ADA weltberühmt geworden.

Heute sind ADA und die von ihm mitverschuldete Immunschwäche aus dem Blickfeld der Öffentlichkeit geraten – obwohl es da nach wie vor viele offene Fragen gibt –, während die Creutzfeld-Jakob-

Beim Betrachten der Daten

Krankheit häufiger in den Zeitungen zu finden ist, und zwar vor allem durch die Krise des Jahres 2001, die durch die drei Buchstaben BSE (»bovine spongiform encephalopathy«) markiert ist, also durch den Rinderwahnsinn. BSE und die Creutzfeld-Jakob-Krankheit sind Krankheiten, die direkt das Gehirn betreffen, wobei die entsprechenden Erscheinungen nicht auf Rinder und Menschen beschränkt sind, sondern auch in Schafen, Mäusen und weiteren Tieren beobachtet wurden. Gemeinsam ist allen Fällen, dass die Gehirne schrumpften, ohne dass dafür lange Zeit hindurch ein Erreger auszumachen war. Erst nach und nach stellte sich heraus, dass dafür ein merkwürdiges Protein verantwortlich ist, das – anders als ein normales Genprodukt dieser Art – nicht von seinesgleichen zerlegt werden kann. Proteine, die andere Proteine zerlegen, heißen Proteinasen, und das Agens bei der Creutzfeld-Jakob-Krankheit heißt dann ein Proteinase-resistentes-Protein, was man PRP abkürzt. Seine genetische Information liegt auf Chromosom 20, und damit hat man wenigstens einen weiteren Ansatzpunkt, um medizinische Hilfen zu entwickeln und anzubieten.

Selbst wenn wir strikt den falschen Eindruck vermeiden sollten, dass Gene vor allem mit Krankheiten zu tun haben, ist es doch immer leichter, bei Phänomenen zu beginnen, die aus dem Umkreis der Medizin stammen. Da wären zum Beispiel die Blutgruppen, die es zu beachten gilt, wenn man Blut spendet oder eine Blutspende benötigt (oder die lange Zeit hindurch im Rahmen von Vaterschaftsnachweisen eine Rolle spielten). Bekanntlich unterscheiden die Wissenschaftler die vier Gruppen A, B, AB und O, die auf unterschiedliche Weise miteinander verträglich oder unverträglich sind. Welche Blutgruppe jemand hat, wird von einem DNA-Abschnitt bestimmt, der auf Chromosom 9 liegt, wie man seit rund zehn Jahren weiß, und zwar genauer am Ende seines langen Arms. Dort findet sich eine Sequenz, deren maßgeblicher Teil 1062 Buchstaben lang ist. Dieser »Text« liegt nicht an einem Stück, sondern vielmehr ziemlich zer-

Das menschliche Genom

stückelt vor. Sechs Exons und fünf Introns lassen sich in dem Abschnitt zählen; sie machen das gesamte Mosaikgen insgesamt rund 18 000 Buchstaben lang.

Für die Forscher zählen nur die erstgenannten 1062 Bausteine, die für die Unterscheidung in die Blutgruppe unterschiedlich wichtig sind. Die Sequenzorte, auf die es ankommt, lassen sich durch die Nummern 523, 700, 793 und 800 charakterisieren, die sich niemand zu merken braucht, die aber deutlich machen, wie genau der wissenschaftliche Blick auf Chromosomen sein kann. Wenn jemand an den genannten Stellen die Buchstaben C, G, C, G hat, weisen wir ihm die Blutgruppe A zu, wenn jemand dort die Buchstaben G, A, A und C hat, weisen wir ihm die Blutgruppe B zu (wobei natürlich klar ist, dass das A aus dem Gen für Adenin steht und die Blutgruppe A nur so heißt, weil es der erste Buchstabe im Alphabet ist). Wenn es schon erstaunt, dass diese vier Unterschiede unter mehr als 1000 Buchstaben (in einem Gebilde von fast zwanzigfacher Länge) ausreichen, um bei »falscher« Blutzufuhr Abwehrreaktionen des Immunsystems auszulösen, dann wird noch mehr verwirren, dass die Blutgruppe O durch eine einzige Variation zustande kommt. In diesem Fall fehlt der 258ste Buchstabe, der normalerweise ein G ist, völlig. Ein einzelner Buchstabe, der *fehlt*, hat deshalb sehr viel mehr Auswirkungen als vier Buchstaben, die *ausgetauscht* werden, weil durch eine Auslassung der ganze Leserahmen verschoben wird und der Rest des Gens für die Zelle nur noch Unsinn enthält. Bei Menschen mit den Blutgruppen A und B (und AB) behält das Gen seine Information nahezu bei, während es bei Personen mit Blutgruppe O etwas völlig anderes ausdrückt. Kurios ist nun, dass sich dies nirgendwo auswirkt – außer beim Blutspenden. Jedenfalls kann die Wissenschaft weder Vorteile für die Träger der Blutgruppen A, B und AB noch für die Träger der Blutgruppe O ausfindig machen, wenn auch immer wieder zu lesen ist, dass sich unterschiedliche Abwehrkräfte gegenüber einigen Infektionskrankheiten dadurch erklären lassen.

Beim Betrachten der Daten

Um die Blutgruppen kreisen also viele Rätsel, die von ihrer täglichen Auswirkung bis zu ihrer evolutionären Herkunft reichen. Die dazugehörigen Gene machen aber erneut deutlich, dass es *das* menschliche Genom nicht gibt. Denn jemand mit der Blutgruppe A hat ein anderes Genom als jemand mit der Blutgruppe O. Das Genom, das die Zeitungen präsentieren und von dem auch in diesem Buch die Rede ist, stellt also bestenfalls eine Fiktion und keinesfalls ein konkretes Ding dar, das in einer Zelle ausfindig zu machen ist. Jedes Genom ist individuell, aber die Variationen, mit denen jeder von uns sein Leben durchspielt, lassen sich nur aufgrund einer Basis erklären, die invariant ist. Sie meinen wir, wenn von dem humanen Genom die Rede ist.

Vieles in unserem Leben ist invariant trotz aller Variationen. Gemeint ist die Tatsache, dass wir Hände, Füße und andere Körperteile haben, die in geeigneter Form und an geeigneter Stelle vorhanden sein müssen. Leben beginnt ohne diese Formen, nämlich als mehr oder weniger rundes Ei, und zu den uralten Themen der Biowissenschaftler gehören die Vorgänge, die sich an die Befruchtung anschließen und die Embryonen, Föten und zuletzt einen Menschen hervorbringen. Die Gestaltwerdung – die Morphogenese –, die dabei abläuft, wird seit dem Aufkommen der Genetik vor allem mit den Methoden dieser Wissenschaft untersucht, und das heißt konkret, dass man nach Genen sucht, die bei diesem Vorgang eine direkte Rolle spielen. Natürlich lassen sich solche Gene nicht unmittelbar bei Menschen suchen und finden, und die Embryologen und andere Entwicklungsbiologen haben sich aus diesem Grunde mehr mit Fliegen und Mäusen beschäftigt. In langen Jahrzehnten des geduldigen Arbeitens ist es ihnen dabei gelungen, Gene ausfindig zu machen, die in der Lage sind, etwa in einer Fliege einer Gruppe von Zellen den Befehl zu erteilen, sich so zu teilen und zu spezialisieren, dass sie dabei ein Flügel, eine Antenne oder ein Bein werden. Wie dies im Detail – natürlich mit Hilfe von Proteinen – geschieht, bleibt noch zu klären

Das menschliche Genom

und soll hier nicht ablenken von den eigentlichen Entdeckungen. Sie bestehen zum Einen darin, dass solche Gene in Gruppen (Clustern) auftreten, wenn sie für die Ausbildung bestimmter Körpersegmente zuständig sind, und dass die Anordnung der Segmente und der Gene auf den Chromosomen übereinstimmen. Dies galt zunächst für die Fliegen, mit deren Hilfe diese Beobachtungen gemacht werden konnten, doch dann kam die zweite wundersame Entdeckung, die sich einfach dadurch machen ließ, dass die beschriebenen Fliegengene erst sequenziert und anschließend Datenbanken nach ähnlichen Sequenzen durchsucht wurden. Dabei wurde man unter anderem in Menschen und Mäusen fündig, wobei in unserer Spezies vor allem das Chromosom 12 in den Blickpunkt rückte. Dort sitzt einer der Gencluster, die in Fachkreisen mit dem Namen Hox bezeichnet werden, weil sich die entsprechenden Sequenzen durch eine sogenannte Homöobox auszeichnen. Dieses seltsam klingende Wort erfasst einige der Sequenzen, die zu den für die Musterbildung in vielzelligen Organismen zuständigen Genen gehören, wobei die Homöobox rund 180 Buchstaben lang ist und allen entsprechenden Genen gemeinsam ist.

Entscheidend ist der Befund, dass äußerlich so verschiedene Lebensformen wie Fliegen, Mäuse und Menschen auf der genetischen Ebene – in den Genomen – so große Ähnlichkeiten zeigen. Offenbar kommt man hier – durch die Analyse des Genoms – einem gemeinsamen Zug des Lebens auf die Spur, die so etwas wie die großen Invarianten ahnen lässt, von der sich die Evolution nicht hat abbringen lassen.

Die Hox-Gene von Maus und Mensch können ihre Aufgabe auch in einer Fliege erfüllen. Überhaupt lassen sich Gene von einem Organismus (Genom) in einen anderen übertragen, ohne dass sie dort aufhören zu funktionieren. Dies legt den Schluss nahe, dass wir in die falsche Richtung schauen, wenn wir von Mausgenen und Fliegengenen reden und beide unterscheiden wollen. Offenbar macht es

Beim Betrachten der Daten

Auffälliges im Genom von Mäusen und Menschen

DNA-Sequenz	Beide Genome umfassen etwa 3 Milliarden Basen
Chromosomen	Autosomen 22 vs. 19; sonst X und Y
Übereinstimmungen	70–90% bei kodierenden Sequenzen
Genaufbau	Exons etwa gleich groß; Introns an gleichen Positionen
Repetitive DNA	Hochkonserviert an den Telomeren

Auffälliges im Genom von Menschen und Menschenaffen

DNA-Sequenz	Beide Genome umfassen etwa 3 Milliarden Basen
Chromosomen	Zahl der Autosomen 22 vs. 21; sonst X und Y;
	Starke Übereinstimmung der Bandenstruktur
Übereinstimmung	80–100% bei kodierten Sequenzen;
	rund 98% bei nichtkodierenden Sequenzen
Genaufbau	Exons gleich groß; Introns an gleichen Positionen
	Hochkonserviert an den Telomeren; und gleiches
	Auftreten der Alu-Wiederholungssequenz

mehr Sinn, von Genen zu reden, deren sich die Evolution bedient, um auf kreative Weise Formen in die Welt zu bringen. Den Plural der Gene sollten wir vielleicht durch den Singular des Genoms ersetzen. Vielleicht gibt es das Genom doch, aber weder als Human- noch als Mäuse- oder Fliegengenom, sondern als ein Kontinuum an Möglichkeiten, mit denen die Evolution die Bewegung in Gang hält, die zum Leben gehört.

IN ERWARTUNG EINER NEUEN WISSENSCHAFT

An der modernen Bioforschung, die sich mit Genomen befasst – weshalb sie auch Genomik heißt – und die dazugehörige DNA erst sequenziert, dann ediert und annotiert und zuletzt mit anderen Folgen von genetischen Buchstaben vergleicht, fällt auf, dass ihre Vertreter sich nicht lange damit aufhalten, ihre Daten vorzustellen. Vielmehr lassen sie fast noch im gleichen Atemzug und ohne zu zögern den Blick über den plötzlich eng scheinenden Zaun der Sequenzen zu zukünftigen Gegenständen schweifen.

Da ist zunächst das Proteom. Damit ist eine Art Katalog all der Proteine gemeint, die in einer Zelle agieren und ein dynamisches Netzwerk bilden, das dann von der dazugehörigen Wissenschaft namens Proteomik erforscht wird, wie es in Analogie zu Genomik heißt. Und selbst wenn man noch nichts von dem Proteom in der Hand hat, so weiß man doch schon heute, dass danach die Aufmerksamkeit dem Metabolom zugewendet werden kann, also der Liste aller Stoffwechselprodukte einer Zelle, die einzeln auch als Metabolite bekannt sind, was sich vom wissenschaftlichen Wort für den Stoffwechsel selbst, vom Metabolismus, ableitet. Genetiker und Mediziner geben mit diesen Bezeichnungen zu erkennen, dass sie sich in Erwartung einer neuen Art von Biowissenschaft befinden, die als Folge der Durchmusterung von Genomen zustande kommt. In den USA gibt es seit kurzem eine Zeitschrift mit dem Titel OMICS, die genomics, proteomics und metabolomics umfassen will.

Einsichten in das Leben

Eine uralte Frage an die Biologie lautet, wie Leben entstanden sein kann. Eine mögliche Lösung dieses Problems liegt in den Versuchen,

In Erwartung einer neuen Wissenschaft

sich die einfachste Form auszudenken, in der Leben existieren kann. Die Genomsequenzen verleiten leicht dazu, an diesem Spiel teilzunehmen, und so hat es einige Bemühungen gegeben, ein minimales Genom zu konstruieren, womit das Genom gemeint ist, das über die kleinste Zahl von Genen verfügt, die ein – dann sicher einzelliges – Wesen benötigt, um sich vermehren und mit der Umwelt interagieren zu können. Auf verschlungenen gedanklichen Wegen ist man dabei auf die Zahl 256 gekommen, die einige Leute weniger erfreut und mehr besorgt, denn wenn es Leben in dieser sehr kleinen Form geben kann, dann lässt es sich im Reagenzglas herstellen – eine Leistung, die vom Publikum sicher mit gemischten Gefühlen aufgenommen würde.

In der modernen Genomforschung ist das Konzept des Gens unter die Räder des Fortschritts geraten. War es früher ein elegantes Konzept zum Verstehen des Lebendigen, wird es heute als DNA-Sequenz erfasst, die gelesen werden kann, in der also zwischen dem Startsignal und einem Stopp-Codon ausreichend Platz ist.

Vielleicht wäre es besser, man würde den Ausdruck »Gen« unbenutzt lassen, wenn man Genomsequenzen analysiert, und stattdessen von »genetischen Orten« reden, also von Abschnitten, die aus DNA bestehen und umgesetzt werden. Hier könnten sich die Kenntnisse der alten Genetik mit den Ergebnissen der neuen Genomforschung treffen. Die alte Genetik begann ihre Arbeit mit sichtbaren (phänotypischen) Mutationen, und sie versuchte anschließend, deren Position auf den Chromosomen zu finden (Kartieren). Die neue Genetik beginnt ihre Arbeit mit (genotypischen) offenen Leserahmen, von denen sie nicht weiß, wie sie sich im Erscheinungsbild des Organismus auswirken beziehungsweise welche Konsequenzen Variationen in ihnen zeigen. Sie kann sie nur zählen, und dabei fallen oft seltsame Konstruktionen der Natur auf. So zeigt die Genomanalyse, dass Organismen auf höheren Stufen der evolutionären Leiter oft eng verwandte Sequenzen (Gene) haben, die zwar ähnlichen, aber trotzdem leicht verschiedenen Aufgaben dienen. In Wirbeltiergenomen gibt es zum Beispiel drei unterschiedliche genetische Orte, mit deren Informationen der Bau eines Proteins durchgeführt wird, das in den Lehrbüchern Aldolase heißt. Die Aldolase gehört zum Grundinventar lebender Zellen. Sie spielt eine Rolle in der so genannten Zellatmung, bei der Zucker aus der Nahrung (Glukose) zur Energiegewinnung umgeformt wird. Einen Schritt dieses Stoffwechsels katalysiert die Aldolase, die höhere Organismen in drei Varianten herstellen, vermutlich um auf jeden Fall einen Weg verfügbar zu haben, auf dem die nötige Energie zu gewinnen ist, und um dazu unter wechselnden Bedingungen bereit sein zu können.

In der Fliege *Drosophila* finden die Genomforscher zwar nur einen Ort für die Aldolase, ihre biochemischen Kollegen können ihnen aber sagen, dass die Zellen der Fliege durch unterschiedliche Verarbeitung die Mosaikstruktur des Aldolase-Gens so nutzen, dass auch ihnen drei Varianten des Proteins zur Verfügung stehen. Offenbar gehört diese Art zum genetischen Stil von *Drosophila*, denn auch bei den Proteinen mit Namen Myosin, aus denen unter anderem die Muskeln aufgebaut werden, bringt die Fliege alle benötigten Varianten durch ein Kombinieren des Exon-Intron-Mosaiks zustande, aus dem das dazugehörige Gen besteht. Im Gegensatz dazu hat der Wurm *C. elegans* vier verschiedene Myosin-Gene in seinem Genom angelegt.

Es scheint, dass diese unterschiedlichen genetischen Strategien zur Herstellung einer vergleichbaren Vielfalt von Proteinen gut verstanden sein müssen, bevor man sich ernsthaft an die Aufgabe macht, Genzahlen erstens genau festzulegen und zweitens die gefundenen Ergebnisse sinnvoll zu deuten. Die Wissenschaft, die einmal eine Genomik werden will, hat noch viele Rätsel zu lösen – zum Beispiel die Beobachtung, dass Fliegen zur Herstellung einer bestimmten Klasse von Proteinen, die mit dem genetischen Material selbst in Wechselwirkung treten – sie heißen aufgrund ihrer Form

In Erwartung einer neuen Wissenschaft

und wegen des zusätzlichen Einbaus eines Metallatoms Zink-Finger-Proteine –, mehr als doppelt so viele Gene haben wie der Wurm. In *Drosophila* zählen die Genetiker nämlich 352 Zink-Finger-Gene, während *C. elegans* mit 132 zufrieden sein und auskommen kann. Was in dieser Reihe das humane Genom angeht, so staunen die Wissenschaftler nicht nur darüber, dass wir mehr als doppelt so viele Zink-Finger-Gene wie die Fliege haben, sondern sie fangen auch mit Versuchen an, dies genauer zu verstehen.

Zink-Finger-Proteine gehören ihrer Funktion nach zu der Gruppe von Transkriptionsfaktoren, was heißt, dass sie an dem Schritt beteiligt sind, bei dem eine DNA-Sequenz übertragen wird. Sie führen die Transkription dabei zwar nicht selbst durch, sie regulieren oder steuern sie aber. Zink-Finger-Proteine können Gene an- und abschalten, wie es in einem einfachen Maschinenbild oft heißt, und es besteht schon lange der Verdacht, dass die entscheidenden Sequenzen für die Evolution des Lebens nicht in den protein-kodierenden Abschnitten, sondern in den dazugehörigen regulierenden Passagen zu finden sind (**Genregulation**). Die Offenlegung der Genomsequenzen erlaubt nun die Möglichkeit, diese Hypothese (Idee) einem präzisen Test zu unterwerfen, der in den nächsten Jahren durchgeführt werden wird.

Die erste Analyse der Genome ergibt eine umfassende Liste der Proteine und ihrer Teile – so kann man nachlesen, dass menschliche Zellen dreißig Gene für Wachstumsfaktoren haben, die das Bindegewebe hervorbringen (Fibroblasten), und 765 Gene, die am Zustandekommen von Antikörpern eine Rolle spielen. (Fliegen und Würmer haben im ersten Fall neun bzw. sechs und im zweiten Fall 140 bzw. 64 Gene.) Aber die entscheidende Information zum Verständnis der Lebensdynamik bleibt ein Geheimnis – so offen die Sequenz vor uns liegt. Gemeint ist die Sequenzinformation, die festlegt, wann und wo, für wie lange und unter welchen Umständen ein Gen ein- oder ausgeschaltet ist. Diese Steuerinformation kann den Sequenzdaten

Einsichten in das Leben

nicht entnommen werden, was allein deshalb zu bedauern ist, weil sie essenziell an der Evolution beteiligt sein müssen. Die Entwicklung von Leben geschieht sicher weniger dadurch, dass es sich mehr Proteine zulegt, sondern eher dadurch, dass es mit den vorhandenen Proteinen raffinierter umgeht und ihre Verwendung moduliert.

Die ersten Preise für Genomforscher werden vermutlich an die vergeben, die angeben können, welche Variationen da eine entscheidende Rolle spielen. Sie können aber auch an die Biologen fallen, die den ersten Überblick über das Spektrum der genetischen Variationen bekommen, die den menschlichen Genpool ausmachen – wie die Menge aller Gensequenzen genannt wird, die in einer Population gefunden werden. Die derzeit vorhandene Population von rund sechs Milliarden Menschen stammt – so die genetisch gut begründete Ansicht der Anthropologen, das »Out-of-Africa-Modell« – von einigen Tausend Vorfahren ab, die vor rund 200 000 Jahren in Afrika gelebt und sich von dort über alle Welt ausgebreitet haben. Von solch relativ kleinen Gruppen lässt sich annehmen, dass sie nur eine begrenzte Vielfalt in den Genen produzieren und bewahren kann. Man rechnet mit ein paar allgemein verbreiteten Varianten in den kodierenden Sequenzen eines jeden Gens, und die nur wenigen Tausend Generationen bis heute haben an diesem Spektrum sicher nicht sehr viel ändern können. Aus alldem kann man die Hoffnung schöpfen, bald alle gemeinsamen Varianten (Allele) aller menschlichen Gene katalogisieren zu können.

Neben der allgemeinen Evolution (Phylogenese) interessiert die Genomforscher noch die individuelle Entwicklung (Ontogenese) eines Lebewesens, also sein Weg von einer befruchteten Eizelle zu einem ausgereiften Erwachsenen. Der auffälligste Unterschied zwischen Anfang und Ende dieses Ablaufs ist die Form. Aus der nahezu formlosen Eizelle wird ein komplex gestalteter Organismus, und es steht außer Frage, dass das Genom mit seinen Informationen zu diesem Vorgang beiträgt. Aber wie macht es dies?

59

In Erwartung einer neuen Wissenschaft

Wer diese Frage beantworten will, wird bald merken, dass neue Begriffe für das nötig werden, was Gene respektive DNA-Sequenzen dabei zu tun haben. Gene kodieren, Gene informieren, Gene regulieren – aber reicht dieses Vokabular, um damit die regelmäßige Folge von Differenzierungen und Gestaltbildungen erklären zu können, die auf dem Weg von der Eizelle über den Embryo und den Fötus zum Organismus zu beobachten sind?

Die meisten Biologen sind der Ansicht, dass dies nicht der Fall ist, und sie greifen an dieser Stelle auf einen Vorschlag aus den sechziger Jahren zurück, demzufolge sich die biologische Entwicklung als Folge eines genetischen Programms einstellt. Das Genom wird in diesem Bild als die Software gesehen, deren Hardware dann unser Körper mit all seinen molekularen Bauteilen ist. Die Nähe der Genomforschung zu der Computerindustrie hat diesen Gedanken fest verankert und so populär werden lassen, dass Bill Gates davon sprechen konnte, ein Gen oder ein Genom sei das raffinierteste Programm, das ihm je unter die Augen gekommen sei.

Zeigt der Blick auf das Genom tatsächlich die Software des Lebens? Es gibt zwei Gründe, dies zu bezweifeln. Sie stecken zum Einen in den Computern und zum Anderen im Leben. Beginnen wir mit den Computern und betrachten wir das bekannte Programm Windows. Windows entsteht in einer Vielzahl von Schritten. Zuerst legen die Programmierer in einer gegebenen Programmiersprache einen Code fest, den ein so genannter Compiler in eine ablauf- und anwendungsfähige Datei überführt, so dass ein Benutzer nicht selbst programmieren muss, sondern bequem mit seiner Arbeit beginnen kann. Es gibt also zwei verschiedene Dinge, einen Primärcode und eine komplexe Funktionseinheit, die durch diesen Code hervorgebracht wird, und zwar auf höchst verwickelte Weise mit einer eigenwilligen Sprache. (In Lebewesen treffen wir auf eine Art Compiler in Form all der Regeln, denen die biochemischen Prozesse unterliegen, die an der Embryogenese und anderen Vorgängen beteiligt sind.)

Einsichten in das Leben

Wenn es ein Windows-Genom-Projekt in Analogie zum Humanen Genomprojekt geben würde, bestünde das Ziel darin, den speziellen C++-Primärcode von Microsoft bis zum letzten Bit zu entschlüsseln. (Hier macht das Wort Sinn.) Die Frage lautet jetzt, was man wüsste, wenn dies gelungen wäre, und die Antwort hängt davon ab, ob bekannt ist, wie der Compiler funktioniert. Wenn dies der Fall ist, wären die Forscher am Ziel und würden Windows verstehen. Wenn dies nicht der Fall ist, hätten sie vor allem Kauderwelsch vor Augen, in dem sie bestenfalls grobe Strukturen erkennen und zum Beispiel ermitteln können, wie sich alte Windows-Versionen von neuen unterscheiden. Sie können vielleicht auch sagen, welche Teile des Codes dafür sorgen, dass Informationen auf dem Bildschirm angezeigt werden, aber mehr ist nicht möglich.

Man könnte jetzt sagen, dass dies die Situation der Genomprojekte charakterisiert – was eine pessimistische Auskunft wäre, da die Genetiker weder wissen, wie man einen Compiler zustande bringt, noch die Sprache verstehen, mit der er programmiert wird. Aber ganz so schlecht ist ihre Lage sicher nicht, wenn sie sich nur entschließen könnten, auf den Programmbegriff zu verzichten, wie es auch die folgende Betrachtung des Lebens nahelegt.

Was heißt es zu sagen, eine Eizelle spult ein Programm ab, indem sie Instruktionen zum Bau eines Organismus gibt? In dieser Konzeption muss es jemanden oder etwas geben, der oder das diese eintreffenden Anweisungen interpretiert und umsetzt. Dieses Etwas wiederum muss so unabhängig von den programmatischen Instruktionen sein wie ein Mechaniker von den Bauplänen des Autos, das er zusammensetzt. Damit stellt sich eine offenkundige Frage, die bislang ohne Antwort bleibt: Woher kommt der Mechaniker des Lebens, der die Instruktionen ausführt?

Natürlich kann man als Lösung vorschlagen, er sei von Anfang an da gewesen. Doch damit ist einem nicht viel geholfen; man würde nur das uralte vitalistische Kaninchen aus dem Zylinder ziehen und

In Erwartung einer neuen Wissenschaft

das Leben durch etwas Geheimnisvolles erklären, das selbst unerklärt bleibt. Im Kontext der heutigen Wissenschaft muss auch der Mechaniker entstanden sein, und in dem Fall können wir nur auf die Gene zurückgreifen. Sie müssen ihn gemacht haben, und damit muten wir ihnen – im Denkschema des Programms – etwas Unmögliches zu, nämlich etwas gemacht zu haben, bevor es sie selbst gegeben hat. Wir verwickeln uns in ein zirkuläres Argument, da (in der Computersprache) eine Software nicht auf einer Hardware laufen kann, für die sie noch keine Bauanleitung geliefert hat und die erst mit ihrer Hilfe hergestellt werden muss.

Es macht keinen Sinn, das Leben als Computer zu betrachten und dessen Zweiteilung in Hardware und Software in die Biologie zu übertragen, etwa dadurch, dass man die Gene als Software und die Proteine als Hardware bezeichnet. Schließlich ist das Programm eines jeden Computers doch unabhängig von dessen Hardware. Man kann ein Gerät bekanntlich ohne Software kaufen. Und es ist darüber hinaus auf keinen Fall von einem der Programme hergestellt worden, die später auf ihm laufen.

Das Konzept der Programmierung taugt nicht, um die Entwicklung des Lebens zu verstehen. Es stiftet nämlich nur Verwirrung, wenn man bei diesem Vorgang Plan und Ausführung trennen will. Beide gehören eng zusammen, wie die jüngsten Einsichten der Entwicklungsbiologen deutlich vor Augen führen.

Das Genom als ein hochsensibles Zellorgan zu bezeichnen, das ungewohnte und unerwartete Ereignisse registriert und darauf reagiert – dies ist ein Vorschlag, den die amerikanische Genetikerin Barbara McClintock gemacht hat, die 1983 den Nobelpreis für Medizin erhielt. Mit solchen Überlegungen verlässt man natürlich das physikalisch-mechanische Denken, das trotz aller Raffinesse nach wie vor tief in den Köpfen der Genetiker steckt. Das Genom ist »in die Funktionale gerutscht«, wie Brecht hätte sagen können, ohne dass bislang genau zu erkennen ist, wo es dabei angekommen ist.

Aussichten für das Leben

Als James Watson für kurze Zeit Direktor des Genomprojekts war und dem Unternehmen den entscheidenden Anstoß gab, sorgte er scheinbar nebenbei auch dafür, dass man frühzeitig in Wissenschaft und Öffentlichkeit damit begann, sich auch auf die ethischen, legalen und sozialen Folgen des neuen Wissens einzurichten. Auf einer Pressekonferenz erklärte er 1990 – ohne vorherige Absprache mit Kollgen oder Vorgesetzten –, dass es mit zum Humanen Genomprojekt gehöre, die »ethical, legal, and social issues« zu erörtern, und er hielt es für angemessen, für ein solches ELSI-Programm zwischen 3 und 5 % des Budgets aufzuwenden, das für Kartieren und Sequenzieren bereitgestellt wird. Watsons Reputation in der Öffentlichkeit ließ nach solch einer Verlautbarung jede kritische Stimme verstummen, und so bemühen sich seit diesen Tagen eine Vielzahl von Ethikern, Juristen und Soziologen darum, die Konsequenzen der Sequenzen vorzustellen und die entsprechenden Kenntnisse in der Öffentlichkeit publik zu machen.

Es gibt viele Fragen, die in dem Zusammenhang auftauchen. Wie geht man fair mit genetischen Informationen um? Muss oder kann man diejenigen, die genetisch benachteiligt sind – was immer das bedeutet –, auf andere, etwa finanzielle, Weise entschädigen? Wie sorgt man dafür, dass genetische Informationen privat bleiben? Wer darf meine Gendaten kenen? Meine Familie? Meine Schwiegermutter? Mein Arzt? Mein Arbeitgeber?

Natürlich hängen die Antworten auf diese Fragen nicht zuletzt von dem Gehalt der Informationen ab, die bei genetischen Analysen – so genannten Gentests – gewonnen werden können. Wenn Gentests einmal halten, was sich ihre Anbieter versprechen, dann werden sie in Zukunft einem Individuum erlauben, seine genetisch bedingte Anfälligkeit für Krankheiten zu ermitteln, wobei es dabei auch um Störungen eines gesunden und normalen Lebens geht, die zwar erst im Alter auftreten, die man aber schon in Kindertagen erfahren kann. Gentests sind prädiktiv, wie man sagt, um sie von anderen Untersuchungen zu unterscheiden. Prädiktive Tests unternimmt man, während man noch gesund ist, und sie sagen einem (im Idealfall), ob und wann man krank wird. Niemand soll sagen, dass es leicht ist, mit solch einer Situation zu leben, bei der erneut ein Paradies des Unwissens verlassen wird. Dieser Schritt fällt vor allem dann nicht leicht, wenn es keine Möglichkeit gibt, der Krankheitsanfälligkeit mit Hilfe einer Therapie zu begegnen.

Nun kann man vorschlagen, auf prädiktive Gentests zu verzichten – was zum Beispiel auch eventuelle Probleme mit privaten Lebensversicherungen beseitigt –, aber bereits im Jahr 2000 gab es mehr als 700 Gentests auf dem Markt, und solche Mengen entwickeln ihre soziale oder kommerzielle Eigendynamik, auf die eine Gesellschaft vorbereitet sein sollte. Man kann noch so oft vom Recht auf Nichtwissen reden. Menschen streben nun einmal nach dem Gegenteil. Und wenn zum Beispiel die Gentests, mit denen die Länge eines so genannten Triplett-Repeats (Triplett-Vermehrungen) bestimmt werden kann, immer billiger und zuverlässiger werden, wird es mehr Menschen geben, die ihn durchführen, wenn ihre Familiensituation dies nahe legt. Es geht bei dem Test zum Beispiel um die Folge CAG in der Erbsubstanz, wobei alle Erkenntnis der Wissenschaft darauf hinausläuft, dass jemand, der diese Dreierkombination (Triplett) weniger als 39mal hintereinander an einer bekannten Stelle in seinem Genom hat, nicht von der Krankheit Huntington Chorea betroffen wird (»normal«), während jemand, der mehr als 39 Wiederholungen von CAG aufweist, erkranken wird (»abnormal«). Das Interesse an Nachweisen von Triplett-Repeats ist allein deshalb sehr gestiegen, weil sich herausgestellt hat, dass sie die molekulare Grundlage einiger menschlicher Krankheiten bilden, die das Nervensystem betreffen (neurodegenerative Erkrankungen), und zwar seltsamerweise unabhängig davon, ob sie in kodierenden (Exon) oder nichtkodie-

Aussichten für das Leben

renden (Intron) Sequenzen liegen. Dabei korreliert die Länge der Triplett-Repeats (die Häufigkeit der Wiederholungen) oft mit der Schwere der Krankheit oder mit dem Alter, in dem sie einsetzt und spürbar wird.

Genetische Tests erlauben es unter anderem, die Disposition von Personen für bestimmte Krankheiten schon Jahrzehnte vor dem etwaigen Ausbrechen zu erkennen, und die Frage lautet, welche gesetzlichen Regelungen für genetische Diagnostik denkbar und nötig sind. Auch sie hängen von den Möglichkeiten ab, die sich für die Medizin aus der Kenntnis des humanen Genoms ergeben. Bei der schon erwähnten Präsentation der Daten im Februar 2001 wurde dazu auch das folgende Szenarium vorgestellt:

Bis zum Jahre 2010 wird erwartet, dass prädiktive Gentests für rund ein Dutzend Krankheiten (z. B. bei Diabetes und Herzkrankheiten) leicht verfügbar sein und Anwendung finden werden. Gleichzeitig werden die Staaten Gesetze zur Verhinderung genetischer Diskriminierung erlassen.

Bis zum Jahre 2020 wird sich die Krebsbehandlung nicht mehr nach dem Gewebe, sondern nach dem genetischen Fingerabdruck des Tumors richten; zugleich werden es genetische Tests ermöglichen, maßgeschneiderte Medikamente für Patienten zur Verfügung zu stellen.

Bis zum Jahre 2030 wird eine umfassende genetische Gesundheitsversorgung die Norm sein, und die durchschnittliche Lebenserwartung wird bei 90 Jahren liegen.

Im Januar 2002 hat der Leiter des Max-Delbrück-Zentrums für Molekulare Medizin in Berlin-Buch (MDC), Detlev Ganten, die Vision von Collins aufgenommen und weitergeführt. Ganten sieht eine große Zukunft für eine Biomedizin, die sich am Genom orientiert. Er rechnet unter anderem damit, dass die genetische Sequenzierung bis zum Jahre 2030 so zuverlässig und preisgünstig durchgeführt werden kann, dass sie als Massentechnologie zum Einsatz kommt und

In Erwartung einer neuen Wissenschaft

vielleicht sogar zu den Routineuntersuchungen gehört. Gendiagnosen können schon heute sinnvolle Informationen für den Anästhesisten liefern, der durch DNA-Sequenzen auf Unverträglichkeiten hingewiesen wird. Ganten erwartet, dass bis zum Jahre 2040 das Gesundheitswesen »genombasiert« orientiert sein wird und auf diesem Weg den Menschen individualisierte Präventionsmaßnahmen anbieten kann.

Diese Prognosen beruhen vor allem auf der Annahme, dass mit Hilfe der Genomsequenzen eine neue Wissenschaft, die Pharmakogenetik oder Pharmakogenomik, begründet werden kann, die dem individuellen Genom eines Menschen Rechnung trägt, wenn es um Medikamente geht.

In den Zeitungen angekündigt worden ist die neue Wissenschaft längst: »Medikamente nach Maß«, »Genforscher entwickeln neue Methoden, um Arzneien individuell auf jeden Patienten einzustellen«, »Jedem seine persönliche Medizin«, »Bessere Wirkung und weniger Nebenwirkung dank Pharmacogenomics« – Überschriften dieser Art sind zuletzt immer wieder zu lesen gewesen, um die Möglichkeit der Pharmakogenetik vorzustellen, die sich im Rahmen der modernen Biomedizin auf genetischer Grundlage zu entfalten beginnt. Es geht – wie das Wort sagt – um die Erkundung der Verbindungen, die zwischen Arzneimitteln (Pharmaka) und genetischen Vorgaben der Menschen (ihren genetisch bedingten Eigenschaften) bestehen, die sie einnehmen. Die Gene sorgen in einem Körper oder genauer in den Organen und ihren Zellen für die Moleküle (Proteine), mit denen die Medikamente in Wechselwirkung treten und über die sie ihre Einflüsse ausbreiten (was vor allem bei Krebstherapien eine Rolle spielt). Dabei entstehen oft nicht nur die erwünschten Wirkungen, sondern auch unerwünschte Nebenwirkungen, und schon seit langer Zeit versucht die Wissenschaft intensiv zu verstehen, wie das Verhältnis für den Patienten optimiert werden und wie man seinem Körper zielgenau Hilfe liefern kann.

Aussichten für das Leben

Die Pharmakogenetik scheint den gesuchten Weg finden zu können. Eines ihrer wichtigen Ziele besteht darin, mit Hilfe von genetischen Analysen herauszufinden, welches Medikament einem Patienten bei welcher Indikation zu verabreichen ist, um für die beste Wirkung mit der geringsten Nebenwirkung zu sorgen. Möglicherweise lässt sich mit Hilfe der Pharmakogenetik auch ermitteln, wie die jeweils geeignete Dosierung einer Arznei auszusehen hat, die einem Patienten auf geeignete Weise hilft. Es ist zu erwarten, dass sich bald die entsprechenden vererbbaren Unterschiede zwischen individuellen Patienten ermitteln lassen.

Menschen sind durch ihre Genome, wie zu Beginn des 20. Jahrhunderts noch nicht bekannt war, individuell verschieden. Damals war es für wissenschaftlich argumentierende Ärzte ein unlösbares Rätsel, wie das zustande kommt, was man organische Individualität einer Person oder eines Patienten nennen könnte. Natürlich sehen wir von außen betrachtet alle verschieden aus, und auch die inneren Organe lassen sich mit geübtem Auge unterscheiden. Aber wo finden sich diese Unterschiede, wenn man weiter in das Innere geht und die Moleküle in den Zellen betrachtet? Wo steckt die Individualität der Strukturen, mit deren Hilfe die Medikamente ihre Wirkung entfalten sollen?

Dass es so etwas wie die »chemische Individualität« einer einzelnen Person geben muss, hat zuerst der britische Arzt Archibald Garrod erkannt und ausgesprochen, der diesen Begriff kurz nach 1900 geprägt hat. Er konnte diese Form der Individualität in ihren medizinischen Auswirkungen beobachten, und zwar nicht nur in Form von Anfälligkeiten gegenüber Infektionskrankheiten, die etwa innerhalb einer Familie von Mitglied zu Mitglied verschieden waren, sondern auch bei den Heilungschancen, die seine Therapien boten und von Fall zu Fall unterschiedlich ausfielen. Garrod erkannte bei seiner Tätigkeit sogar, dass die »chemische Individualität« eines Menschen zu seinen vererbbaren Eigenschaften gehört und den Mendelschen

67

In Erwartung einer neuen Wissenschaft

Gesetzen folgt, und er forderte im ersten Jahrzehnt des 20. Jahrhunderts die Wissenschaft auf, alle Anstrengungen darauf zu richten, die Grundlage dieser genetischen Besonderheit zu finden, um sie für die Bemühungen der Medizin nutzbar zu machen.

Garrods Wunsch kann heute, rund hundert Jahre später, erfüllt werden. Das sequenzierte Genom lässt erkennen, worin die chemische Individualität eines Menschen besteht. Das Schlüsselwort heißt dabei Vielgestaltigkeit – Polymorphismus –, womit die Entdeckung beschrieben wird, dass Gene von Menschen in unterschiedlichen Formen vorliegen, was konkret bedeutet, dass in der Erbsubstanz der Menschen Abschnitte aus DNA auftauchen, die zwar die gleiche Funktion haben, die aber aus individuell abweichenden Basensequenzen bestehen. Im Anschluss an diese Entwicklung formieren sich zwei neue Wissenschaften, die schon genannte Pharmakogenomik und eine Toxikogenomik. Letztere will die traditionelle Toxikologie erweitern und Fragen der Art beantworten, wie es kommt, dass die einen Menschen durch Umweltfaktoren zu Schaden kommen, während die anderen unbetroffen bleiben.

Die Wissenschaftler suchen die Antwort in den polymorphen (»vielgestaltigen«) Genen, wobei sich das Interesse der Pharmakogenetiker immer mehr auf Variationen in *einer einzelnen Position* im genetischen Material (Genom) richtet. Der englische Ausdruck dafür klingt zunächst etwas lang und umständlich – single nucleotide polymorphism (»Einzel-Nukleotid-Polymorphismus«). Die drei Wörter lassen sich aber durch ihre Anfangsbuchstaben einfach als SNP abkürzen, und diese Kombination kann sogar als einsilbiges »snip« ausgesprochen werden. Es lohnt sich, diesen Begriff zu merken, weil derzeit alle pharmakogenetischen (und viele biologischen) Überlegungen von ihm ausgehen.

Hinweise auf Existenz und Auswirkung von relevanten individuellen Genvarianten haben biogenetisch orientierte Ärzte schon vor Jahren gefunden, als man Krankheiten untersuchte, die durch Verän-

Aussichten für das Leben

derungen in einzelnen Genen zustande kommen (die so genannten monogenetischen Krankheiten). Vor allem bei der Mukoviszidose, die durch typische Ansammlungen von zähem Schleim in der Lunge charakterisiert ist, konnte gezeigt werden, dass es individuelle Polymorphismen auf genetischer Grundlage gab, die zu unterschiedlichen Ausprägungen der Krankheit führten. Inzwischen weiß man, dass Mannigfaltigkeiten dieser Art auch bei Gesundheitsstörungen eine Rolle spielen, die nicht durch einen, sondern durch zahlreiche Faktoren (multifaktoriell) bedingt sind, wie dies zum Beispiel bei Morbus Alzheimer der Fall ist. Hier kennt man mittlerweile schon mehrere genetische Beiträge, und einer von ihnen geht auf eine Genform zurück, die in der Literatur als ApoE4 bezeichnet wird. Für Träger dieser Variante besteht ganz allgemein ein erhöhtes Risiko, von der Alzheimerschen Krankheit betroffen zu werden. Wichtig für den hier verhandelten Zusammenhang ist vor allem die weitergehende Erkenntnis, dass es zwar eine therapeutische Maßnahme für diesen Fall gibt, aber mit der Besonderheit, dass der Erfolg dieser besonderen Behandlung abhängig von der beschriebenen ApoE4-Genvariante ist, die der betroffene Patient aufweist.

Mit Beobachtungen dieser Art tauchte irgendwann unter den Genetikern der Gedanke auf, dass es sich lohnt, das Erbgut (Genom) eines Menschen durch seine SNPs zu beschreiben. Vielleicht lassen sich für jeden Menschen charakteristische Snip-Muster aufstellen, aus denen dann Schlüsse auf die individuelle Wirksamkeit gegebener Medikamente oder auf die entsprechende Anfälligkeit für bekannte Krankheiten möglich werden. Für die Umsetzung dieser Idee sprach die Erwartung, dass sich solche SNP-Muster im Gefolge des Humanen Genomprojektes ergeben würden.

Wissenschaftler bezeichnen nicht jede individuell veränderte Position im Genom als Snip. Sie tun dies erst dann, wenn ein SNP in einer gegebenen Gruppe von Menschen (Population) mit einer Häufigkeit von mehr als 1 % auftritt. Wenn diese Grenze nicht erreicht wird, han-

69

In Erwartung einer neuen Wissenschaft

delt es sich bei den punktuellen Änderungen um zufällige Mutationen, die spontan aufgetreten sind und nicht an die Nachkommen weitergegeben werden. Anders als solche Punktmutationen sind die Snips stabil. Sie werden von einer Generation zur nächsten vererbt, und sie bleiben über mehrere solcher Folgen unverändert, wie die Genomforschung in den letzten Jahren zeigen konnte.

Im Humangenom findet man ein SNP etwa alle 500 bis 1000 Basenpaare. Bei drei Milliarden Basenpaaren insgesamt bedeutet dies, dass jeder Mensch drei bis sechs Millionen Snips in seinem Erbgut mit sich trägt. Die Zeichen der Individualität sind dabei nicht gleichmäßig auf alle Chromosomen verteilt, vielmehr scheinen sie ab und zu gehäuft – in so genannten Clustern – aufzutreten.

Wichtig ist noch der genaue Ort, an dem ein SNP lokalisiert ist. Die meisten SNPs beziehungsweise die dazugehörenden Cluster befinden sich in nichtkodierenden DNA-Stücken, was im Normalfall bedeutet, dass sie keine nachweisbaren Veränderungen im Organismus hervorrufen. Wissenschaftler interessieren sich aus nahe liegenden Gründen vor allem für Snips in kodierenden und regulierenden Genregionen, denn die können sich sehr wohl auswirken und ihren Träger belasten. So wurde in dem Kontrollabschnitt eines Gens mit Namen TNF-Alpha ein Snip gefunden, der ein erhöhtes Risiko nach sich zieht, an Malaria zu erkranken (und zwar an einer Form, die das Großhirn schädigen kann). Und weiter konnten inzwischen 560 Snips in rund 100 Genen identifiziert werden, die sich bei der koronaren Herzkrankheit, dem Diabetes mellitus Typ 2 und der Schizophrenie auswirken.

Diese und andere Snips werden nicht nur in Hinblick auf die möglichen Beiträge zur Auslösung von Krankheiten geprüft. Es wird auch untersucht, wie ihre Struktur die Proteine des Körpers beeinflusst, die für den Abbau eines Medikaments in den Zellen zuständig sind. Man spricht dabei oft von »Entgiftungsenzymen« und weiß, dass sie mit zur Verträglichkeit von Arzneimitteln beitragen. Es gibt im

Aussichten für das Leben

menschlichen Körper mehr als einhundert verschiedene Proteine, die Medikamente abbauen und in kleine Molekülbruchstücke zerlegen. Für alle diese Proteine gibt es Gene, und in jedem von ihnen kann ein SNP zu finden sein. Auf diese Weise wird leicht erklärbar, warum die Verträglichkeit einer Arznei eine höchst individuelle Eigenschaft ist, die im Rahmen der Pharmakogenetik erfasst und genutzt werden kann.

Als konkretes Beispiel für die oben allgemein beschriebene Thematik sei ein Protein aus der Leber genannt, das den Namen Cytochrome P450 trägt. Es trägt zum Stoffwechsel von etwa einem Viertel aller Arzneimittel bei. Von dem dazugehörigen Gen sind mittlerweile knapp 50 genetische Varianten gefunden worden. Korrekterweise muss gesagt werden, dass sich in den menschlichen Zellen mehrere verwandte Formen des Cytochroms P450 befinden, was die Wissenschaftler von einer Proteinfamilie und der dazugehörigen Genfamilie reden lässt. Ein wichtiges Mitglied dieser Familie heißt Cytochrome P450-2 D6, und von ihm allein sind fast 20 Varianten gefunden worden. Damit kann der Stoffwechsel von über fünfzig Arzneimitteln, zu denen Hustenmittel ebenso gehören wie Blutdrucksenker, individuell verschieden ausfallen.

Ein Teil der Forschung konzentriert sich zurzeit vor allem auf die Entgiftungsproteine, die unter dem langen Namen UDP-Glucuronosyltransferasen bekannt sind (UGT). Sie helfen wie die Mitglieder der Cytochrome P450-Familie beim Abbau von Medikamenten, und bislang konnten 22 SNPs entdeckt werden. Von ihnen gilt nun zu prüfen, wie sie die Verträglichkeit für ein Arzneimittel beeinflussen und welche Belastung sie für die Leber ergeben.

Viele Wissenschaftler schätzen heute, dass die SNPs für den größten Teil (90 %) der genetischen Inhomogenität unter den Menschen verantwortlich sind und insofern auch maßgeblich zu den sichtbaren (phänotypischen) Unterschieden beitragen. Konkret können die individuellen Varianten in der Basensequenz erklären, warum spezi-

In Erwartung einer neuen Wissenschaft

fische Medikamente bei einigen Patienten helfen, während sie bei anderen wirkungslos bleiben oder gar unerwünschte Erscheinungen mit sich bringen.

Man hofft, in Zukunft immer mehr SNPs als sichere Indikatoren für die Verträglichkeit und die Wirksamkeit von Medikamenten nutzen zu können. Darüber hinaus glaubt man, mit ihrer Hilfe Gene mit Krankheitswert besser und schneller erkennen zu können. Als Beispiel kann auf die venösen thromboembolischen Erkrankungen hingewiesen werden, die durch Mutation verursacht und die Faktor-V-Leiden genannt werden (wobei das letzte Wort der Name der Stadt ist, in deren Universität dieser Zusammenhang entdeckt worden ist). Im Gen für den Gerinnungsfaktor V ist an Position 1691 ein G (Guanin) durch ein A (Adenin) ersetzt worden, wodurch das Gleichgewicht aus gerinnungsfördernden und gerinnungshemmenden Reaktionen verschoben wird und das Krankheitsrisiko steigt. Von dieser so genannten APC-Resistenz sind rund 3–7 % der Bevölkerung betroffen, und in 90 % der Fälle steckt die Ursache in dem beschriebenen einzelnen Basenaustausch.

Die vorgelegten Beispiele machen klar, weshalb großes Interesse an Karten besteht, auf denen die SNPs der Menschen oder eines Menschen verzeichnet sind. Pharmaunternehmen und Universitäten haben unter finanzieller Mithilfe der britischen Stiftung »The Wellcome Trust« ein SNP-Konsortium gegründet, das bereits Anfang September 2000 verkünden konnte, inzwischen 800 000 SNPs identifiziert zu haben, und mittlerweile ist diese Zahl noch gewachsen. Die entsprechenden Informationen und Karten sind öffentlich zugänglich.

Allerdings: Noch ist eine individuelle SNP-Analyse für einen Patienten allein viel zu teuer und aufwendig. Abhilfe erwartet man in Zukunft von so genannten DNA-Chips. Auf ihnen befinden sich kurze DNA-Stücke, die das Spiegelbild eines Abschnittes aus dem Genom mit einem definiertem SNP-Muster ausmachen. Wenn ein Patient dieses Muster besitzt, bindet seine DNA-Probe an dem Chip fest, und die entsprechende Position beginnt zu leuchten (durch einen technischen Trick). Eine dazugehörende Datenbank – so könnte ein absehbares Szenarium der biomedizinischen Zukunft aussehen – verrät einem Arzt dann noch, welche Medikamente in welchen Kombinationen und Dosierungen der genetischen Ausstattung des Patienten entgegenkommen.

Im Rahmen der Pharmakogenetik kann es im Übrigen besser möglich werden, Krebs zu definieren. Zurzeit teilen Ärzte Tumoren nach den Organen oder Geweben ein, in denen sie auftreten. Sie sprechen etwa von Brustkrebs oder von Hautkrebs. In Zukunft kann etwas anderes versucht werden, nämlich für jeden Tumor ein SNP-Profil zu erstellen, und zwar in der Hoffnung, dabei angeben zu können, auf welche der vorhandenen Medikamente die entarteten Zellen reagieren und auf welche nicht. Entsprechend würde man von sensitiven oder insensitiven Tumoren sprechen, und unter dieser Vorgabe gezielter gegen sie vorgehen können.

Bei all diesen Fortschritten gilt es, die Mahnung im Auge zu behalten, dass Gene in erster Linie andere Aufgaben haben. Genome können individuelle Menschen einzigartig machen, sie können aber auch alle Menschen zusammen einzigartig machen und sie zum Beispiel von den nächsten Verwandten in Form der Schimpansen unterscheiden. Unser Erbgut und das der Menschenaffen ist zwar auf den ersten Blick ähnlicher als die dazugehörigen äußeren Gestalten, aber es werden sich Variationen finden lassen, die erklären, wodurch Menschen im Verlauf der Evolution den etwas anderen Weg gefunden haben, der uns zum Beispiel mit der Fähigkeit ausgestattet hat, Genome offen zu legen und in ihnen zu lesen.

Sequenzieren ohne Ende

Auf einer Konferenz, die Anfang Februar 2002 in Miami (Florida) unter dem Titel *The Genome and Beyond – Structural Biology for Medi-*

In Erwartung einer neuen Wissenschaft

cine stattfand, konnte ein Besucher erfahren, wie ungeheuer drama-
tisch das technische Geschehen in der molekularen Biologie zur Zeit
ist. In diesen Tagen werden weltweit in allen sich mit Sequenzierung
beschäftigenden Laboratorien zusammen rund zwei- bis dreitausend
Bausteine von Erbmolekülen nicht pro Tag, pro Stunde oder pro Minute, sondern pro Sekunde gelesen und in Dateien überführt. Der genetische Text, der sowohl für die Wissenschaft als auch für die Öffentlichkeit im Computer zugänglich wird, nimmt im Sekundentakt
um zwei- bis dreitausend Buchstaben zu, was heißt, dass in der Zeit,
die jemand braucht, um eine Zeile dieses Buches zu lesen, mehrere
Seiten hinzugekommen sind.

Was vielleicht beim ersten Hören deprimierend erscheinen mag,
kann führende Genomforscher wie den Amerikaner Eric Lander vom
Whitehead Institute for Biomedical Research in Cambridge (Massa-
chusetts) nur begeistern, der maßgeblich zu der Arbeit des »International Human Genome Sequencing Consortiums« beigetragen hat,
das im Februar 2001 die Sequenz des menschlichen Genoms in der
Zeitschrift Nature publiziert hat. Lander träumt mit den vielen Genomsequenzen das zu tun, was alle Zellen immer schon tun, nämlich sie richtig zu lesen, um auf diese Weise der Evolution auf die
Schliche zu kommen. Genome sind für ihn so etwas wie Laborbücher
der Evolution, wie er auf der Konferenz sagte. In den Genomen hält
die Evolution seiner Sicht nach die Versuche fest, die sie mit dem
Leben anstellt, und der Wissenschaft muß es gelingen, ihre Eintragungen (Variationen) zu verstehen und nachzuvollziehen. Je mehr
Informationen Lander bekommen kann, desto besser sind für ihn die
Aussichten, die Vielfalt des Lebens und seine Evolution verstehen zu
können, und zwar durch den Blick auf das Genom allein.

Als Beispiel für die sich abzeichnenden Möglichkeiten nannte Lander die genetischen Sequenzen, die einer Zelle sagen, wie einige der
Proteine gebaut werden, die am Zustandekommen des Geruchs-
sinns beteiligt sind. Die Wissenschaftler konzentrieren sich dabei vor

Sequenzieren ohne Ende

allem auf Proteine, die Signalmoleküle an sich binden – angefangen bei den Geruchsstoffen selbst bis hin zu den Botenstoffen, die das von außen kommende Signal ins Gehirn leiten. Experten nennen den Riechnerv Nervus olfactorius und reden dann entsprechend von olfaktorischen Rezeptoren. Nun kann man deren Gene in den Blick nehmen, und wenn man dies tut, wird man feststellen, dass es in Mäusen sehr viel mehr davon gibt als in Menschen. In unserem Genom sind die Riechrezeptorgene eher verkümmert, was konkret heißt, dass viele Sequenzen, die im Mäusegenom aktiv sind und deren Produkte das Riechsystem bereichern, bei Menschen ungenutzt mitgeschleppt werden. Die Sequenzen sehen auf den ersten Blick zwar so aus, als ob sie den Zellen als Gen zur Verfügung stehen, doch das nähere Hinsehen zeigt, dass sie nicht abgelesen und umgesetzt werden. Die Riechrezeptorgene sind im Menschen zu Pseudogenen geworden, wie man sagt, und so lässt sich auch durch eine Genomanalyse erkennen, was wir aus unserem Leben wissen: Wir sind – im Vergleich zu Mäusen – mehr Augen- als Nasenmenschen und gebrauchen unseren Geruchssinn weniger als unseren Sehsinn.

Lander hat sich auch über die auf den ersten Blick so kleine Zahl der Gene geäußert, die in unserem Genom gefunden werden konnte – bislang jedenfalls. Er hält an den Angaben fest, die sein Team vor einem Jahr gemacht hat und die als Zählergebnis von gerade einmal etwas mehr als 30 000 menschlichen Genen sprechen. Dies klingt dann enttäuschend, wenn die 13 000 Gene einer Fliege, die 20 000 Gene eines Wurms oder die 25 000 Gene der Pflanze *Arabidopsis thaliana* damit verglichen werden. Doch Lander ficht solch ein Zahlenspiel nicht an. Erstens weiß niemand genau zu sagen, was ein Gen ist, und zweitens können Zellen ein Gen oder genauer dessen Sequenz auf mehrere Weisen in ein Produkt überführen. Das Ablesen der genetischen Information (Basensequenzen) nennen die Biologen Transkription (Überschreibung), und bei diesem Vorgang entstehen die Transkripte, die eine Zelle weiter verarbeitet. Aus einem Gen

In Erwartung einer neuen Wissenschaft

können viele Transkripte hervorgehen, und auf die kommt es sehr viel mehr an als auf die Gene; die menschlichen Zellen allerdings scheinen an dieser Stelle uneingeschränkt die Spitzenposition einzunehmen.

Tatsächlich scheint die eigentliche Raffinesse einer Zelle – und damit der Trick des Lebens auf dieser Ebene – darin zu stecken, viele Varianten von Genen verfügbar zu haben, und zwar entweder durch Anlage mehrerer Genkopien oder durch Vorgabe einer Genstruktur, die mehrere Möglichkeiten der Transkription zulässt. Der Blick auf die bisher vorliegenden Genome und ihre Sequenzen zeigt nun, dass unterschiedliche Lebensformen dabei unterschiedlich vorgehen und es möglich ist, etwa vom genomischen Stil der Fliege oder dem genomischen Stil des Wurms oder des Menschen zu sprechen. Dabei ist insgesamt die Hoffnung entstanden, heute schon allein durch Analyse von Sequenzen, das Genom eines Vertebraten (Wirbeltieres) von dem eines Invertebraten (Wirbellosen) zu unterscheiden. Lander behauptet jedenfalls, dies bald sehr genau zu können.

Um das Vorgehen an einem Beispiel zu illustrieren: So hat die Fliege *Drosophila* für einzelne Proteine, die sie in ihren Muskeln oder für ihren Stoffwechsel benötigt, jeweils nur ein Gen, von dem aus sie drei bis vier Transkripte anfertigt, während der Wurm namens *Caenorhabditis elegans* stattdessen dieselbe Vielfalt durch das Anlegen von vier verschiedenen Formen des Gens erreicht, die jeweils nur einfach transkribiert werden. Daraus folgt nicht, dass es vier Genome von Wirbellosen braucht, um ein Vertebratengenom zu bauen, aber über die genannten Verallgemeinerungen sollte man sich im Klaren sein, bevor man versucht, die umherschwirrenden Genzahlen richtig einzuschätzen.

Zählen läßt sich nur, was genau begrenzt – also definiert – ist. Für den Mathematiker Lander ist es kein Problem, die oben genannten Variationen durch den Fachbegriff der Äquivalenzklasse in den theoretischen Griff zu bekommen. Es gibt Orte (Stellen) im Genom, die zu

Sequenzieren ohne Ende

gleichwertigen (äquivalenten) Produkten führen, und die gilt es zu erkennen und aufzuzählen. Dabei werden nicht viel mehr als die etwas mehr als 30 000 Gene herauskommen, die schon bekannt sind, wobei es Lander nicht schwer fällt, auch 40 000 als Grenze zu konzedieren; mehr aber nicht – wobei dies in seinen Augen insgesamt eine eher nebensächliche Frage ist.

Doch die Zahl der Gene lässt vielen Menschen keine Ruhe, wie auf dem Jahrestreffen der »American Association for the Advancement of Science« (AAAS) zu hören war, das ebenfalls im Februar 2002 in Boston stattfand. Als Lander hier erneut (zwei Wochen nach der Konferenz in Miami) seine Überzeugungen vortrug, rebellierten einige Wissenschaftler unter Führung von Victor Velculescu von der John Hopkins Universität in Baltimore gegen seine Ansichten. Sie hatten eine neue Technik namens SAGE verwendet, um von RNA-Molekülen, die sich mit biochemischen Mitteln isolieren und analysieren lassen, den Weg zu den DNA- Sequenzen zu finden, mit deren Hilfe sie hergestellt werden. SAGE steht für »serial analysis of gene expression«, was man leicht mit »serieller Analyse der Genexpression« übersetzen kann. Bei dem Verfahren werden erst RNA-Moleküle isoliert und deren Sequenz als DNA kopiert (in DNA umgeschrieben), bevor dann daraus ein zwanzig Basenpaare langes Stück bestimmt wird, mit dem das betrachtete Gen eindeutig identifizierbar ist. Man bezeichnet diese kurzen Sequenzen als Etikette oder Schildchen – im Englischen ist von »tags« die Rede – und untersucht nun, ob und wie ihre Sequenzen mit den genetischen Buchstaben übereinstimmen, die von den Computeralgorithmen entdeckt wurden, die Lander und seine Leute benutzen. Wie sich in ersten Versuchen herausstellte, fallen die »tags« und die früher identifizierten Gene nur in der Hälfte aller Fälle zusammen, woraus Velculescu und seine Kollegen den Schluß ziehen, dass die Zahl der menschlichen Gene (mindestens) um den Faktor 2 unterschätzt worden ist. Zugestimmt hat ihnen dabei Claire Fraser, die für das schon vorgestellte Unternehmen TIGR

In Erwartung einer neuen Wissenschaft

arbeitet und zur Lösung des Rätsels um die Genzahl vorgeschlagen hat, weniger mit dem Computer und mehr mit den Molekülen selbst zu arbeiten.

Auf einer dritten Konferenz, die sich im Februar 2002 mit Genomen beschäftigte – es ging in Las Vegas (Nevada) eine Woche lang um Genome von Mikroben –, hat Claire Fraser erklärt, dass es ihr und ihrem Institute for Genomic Research nicht mehr genüge, einzelne Genome von Mikroorganismen zu sequenzieren. Vielmehr läge das von jetzt ab anzuvisierende Ziel darin, sich mehrere Bakterienarten gleichzeitig vorzunehmen und ihre Genome zu sequenzieren, um die ermittelten Daten miteinander vergleichen zu können. TIGR plant noch im Jahr 2002 bis zu zwanzig (!) verschiedene Stämme des Bakteriums *Bacillus anthracis* aus allen Teilen der Welt zu sequenzieren – die Wahl dieser gefährlichen Mikrobe, die Anthrax (Milzbrand) auslösen und als biologische Waffe eingesetzt werden kann, wurde sicher nicht unabhängig von aktuellen politischen Gründen getroffen. Die Hoffnung besteht natürlich darin, am Ende aller Sequenzen zu wissen, wie sich ein Schutz vor einem Angriff mit Anthraxsporen bewerkstelligen lässt. Die Sequenziertechniken mit ihren dazugehörigen Rechensystemen erlauben es zur Zeit, ein Anthraxgenom mit einigen Millionen Basenpaaren zuverlässig für rund $150 000 zu sequenzieren; die angestrebten Daten für zwanzig Stämme könnten also für drei Millionen Dollar geliefert werden. Das staatlich finanzierte National Institute of Allergy and Infectious Diseases findet den Preis angemessen und hat die Sequenzen bestellt, wobei man vertraglich vereinbart hat, nach den ersten vier Genomen die Gelegenheit zu einer Neubewertung des Auftrags zu bekommen. Hoffentlich reicht diese Informationsmenge aus, um die Gefährlichkeit und Überlebensfähigkeit von Milzbrand zu erklären.

Bei aller Bedeutung der Sequenzierung des genetischen Materials von Mikroorganismen – die größte Aufmerksamkeit bekam in jüngster Vergangenheit die Offenlegung des Reis-Genoms, nachzulesen in

Sequenzieren ohne Ende

der Ausgabe der Zeitschrift *Science* vom 5. April 2002. Es sind zwei Reissorten, die man sequenziert hat: die *japonica*-Sorte, die in Japan in einigen anderen klimatisch gemäßigten Regionen angebaut wird, und die *indica*-Sorte, die vor allem in China und daneben in anderen asiatischen Ländern verbreitet ist. Die *indica*-Sorte ist vornehmlich in Beijing am dortigen Zentrum für Genomik und Bioinformatik und ausschließlich von chinesischen Forschern bearbeitet worden, während sich um die *japonica*-Sorte eine für den Schweizer Agrarkonzern Syngenta am Torrey Mesa Research Institut in San Diego arbeitende Gruppe von Wissenschaftler gekümmert hat. Was das Genom von *Oryza sativa* L. ssp. *indica* angeht, wie der Reis taxonomisch korrekt heißt, so kann jedermann die öffentlich erarbeitete »chinesische« Sequenz im Internet finden. Für die privat entzifferte »japanische« Sequenz von *Oryza sativa* L. ssp. *japonica* gibt es auch eine Adresse, allerdings gehorcht sie nicht den Standards der öffentlichen Gendatenbanken. Es wird noch einige Zeit dauern, bis auch die von Syngenta-Forschern erfaßten Sequenzen in öffentlichen Gendatenbanken verfügbar sind, wobei neben diesem Streit mit kommerziellen Hintergründen daran zu erinnern ist, dass die Publikationen ausdrücklich von »draft sequences« sprechen, also von Arbeitssequenzen, die noch ihre Zeit brauchen, um komplettiert zu werden. Trotzdem lassen sich einige Zahlen schon einmal zusammenstellen, die den beiden zitierten Arbeiten zu entnehmen sind:

Das Reisgenom		
Sorte	*indica*	*japonica*
Basenpaare im Genom (in Millionen)	466	420
Zahl der gene (in Tausend)	46 – 56	32 – 50
Genverdopplung (in Prozent)	74	77

In Erwartung einer neuen Wissenschaft

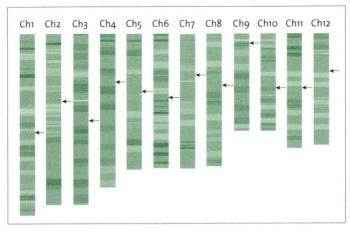

Dichte der Gene in den 12 Reis-Chromosomen

Was die Größe der Reisgenome mit mehreren hundert Millionen Basenpaaren angeht, so besitzt *Oryza sativa* unter den »Gräsern« bei weitem die kleinste Menge an genetischem Material. Der genetische Text von Mais ist rund sechsmal, und der von Weizen sogar fast vierzigmal umfangreicher. Die zwölf Chromosomen des Reis zeigen dabei eine ziemlich gleichmäßige Gendichte, die in der Abbildung Reisgenom durch hellere und dunklere Farben gekennzeichnet ist. Die Pfeile deuten die jeweilige Stelle der Centromere an.

Was die genannte oder genauer geschätzte Zahl der Gene angeht, so dürfen diese Zahlen wie bisher nur cum grano salis verstanden werden. Interessant ist nicht so sehr die Tatsache, dass es beim Reis vielleicht mehr Gene als beim Menschen gibt. Spannender scheint zu sein, dass die meisten Gene dabei vermutlich durch den Mechanismus der Verdopplung entstanden sind, wie die hohen Prozentzahlen an duplizierten Sequenzen zeigen.

Natürlich hängt ein großer Teil des Interesses an Reis damit zusammen, dass diese ursprünglich in China domestizierte Pflanze seit

Sequenzieren ohne Ende

vielen Tausend Jahren wesentlich zur Ernährung des Menschen beiträgt. Es gibt fossilierte Reiskörner, die rund 7000 Jahre alt sind. Und heute werden etwa 11% der landwirtschaftlich nutzbaren Fläche der Erde mit Reis bepflanzt, wobei die verwendeten Sorten über lange Zeiträume hin für den Gebrauch des Menschen selektioniert worden sind. Es wird nun sicher mit den neuen Kenntnissen versucht werden, weitere Verbesserungen zu erreichen und zum Beispiel Reissorten zu produzieren, die von sich aus möglichen Schädlingen gegenüber resistent sind oder die Vorläufer von Vitamin A anfertigen, aus denen Menschen dieses für ihre Sehkraft wichtige Vitamin gewinnen können. Doch die Kenntnis der Reisgenome hilft zunächst den Wissenschaftlern, die von einer »vergleichenden Pflanzenbiologie« träumen. Mit ihr kann jetzt begonnen werden, etwa indem man ein Reisgenom mit den genetischen Sequenzen der Ackerschmalwand *Arabidopsis thaliana* vergleicht. Wie sich nämlich herausstellt, sehen Art und relative Zahl der Gene in den beiden Pflanzen ziemlich ähnlich aus, wobei anzumerken ist, dass rund ein Drittel der untersuchten Gene nur in den Pflanzen und weder in Pilzen noch in Tieren zu finden ist. Dieses Drittel ist vor allem für die Photosynthese und andere Reaktionen auf Licht (Photomorphogenese, Phototaxis) verantwortlich. Es ist natürlich nicht besonders überraschend, dass alle Lebensformen in den Genen übereinstimmen, die für Stoffwechsel und andere Hausaufgaben (wie die DNA-Replikation oder die Reparatur) benötigt werden, aber es zeigt trotzdem den konservativen Grundzug der Evolution. Sie erfindet nur ungern etwas Neues, wenn sich einmal etwas bewährt hat. Warum sollte sie auch?

Die gezeigte funktionale Klassifizierung der Gene von *Arabidopsis* (A) und Reis (R) ist von einer Arbeitsgruppe mit dem philosophisch befriedigenden Namen »Gene Ontology Consortium« erstellt worden, wobei nicht alle Gene verwendet wurden, die von diversen Computerprogrammen vorhergesagt worden sind. Von den 25 426 Genen in *Arabidopsis* lassen sich zur Zeit nur gut 36% so klassifizieren, wie

In Erwartung einer neuen Wissenschaft

es die Abbildung zeigt, während sich von den 53 398 Reis-Genen, von denen die gezeigte Bestimmung ausgegangen ist, nur etwas mehr als 20 % einzuordnen war. Das ganze Verfahren bleibt also eher unbefriedigend, lässt aber immerhin erkennen, welches Potential Pflanzenforschern mit Genomsequenzen für künftige Analysen zur Verfügung steht.

Es ist offensichtlich, dass trotz aller Fortschritte bei der Sequenzierung noch ein langer Weg zu gehen sein wird, bis wir den Umgang mit den Genomen so gelernt haben, dass sich befriedigende Ergebnisse zeigen. Doch dass gelernt wird, zeigt schon die auf die Veröffentlichung des Reisgenoms folgende Ausgabe der Zeitschrift *Science*: In der Ausgabe vom 12. April 2002 vergleichen deutsche, holländische und amerikanische Genforscher unter Federführung des am Leipziger Max-Planck-Institut für Evolutionäre Anthropologie tätigen finnischen Forschers Svante Pääbo Genome von Affen und Menschen auf trickreiche Weise. Bekanntlich wird immer wieder gerne der Hinweis gegeben, dass die Genomsequenzen des Menschen und seines behaarten Vetters zu 98,7 % übereinstimmen (nach den letzten Berechnungen jedenfalls). Längst lässt sich eine Abstammungslinie auf Grund von DNA-Sequenzen angeben, aus der zu erkennen ist, vor wie vielen Millionen Jahren sich die Menschen von den Linien abgesondert haben, bei denen sich auch Gibbons, Gorillas, Schimpansen und Orang-Utans getrennt entwickelt haben.

Wer Menschen (Homo sapiens) und Schimpansen vergleichen will, wird wenig Freude haben, wenn er anfängt, in dem schlecht charakterisierten Ensemble der Gene zu stochern, vor allem, weil die Abweichungen zwischen den publizierten Schätzungen weitaus größer

Vergleich der Gene zwischen der Pflanze *Arabidopsis* und dem Reis

* Chaperone sind Proteine, die anderen Proteinen helfen, sich richtig zu entfalten; das Wort stammt von den französischen Ausdruck für Anstandsdame. Chaperone passen auf, dass alles anständig zugeht.

Sequenzieren ohne Ende

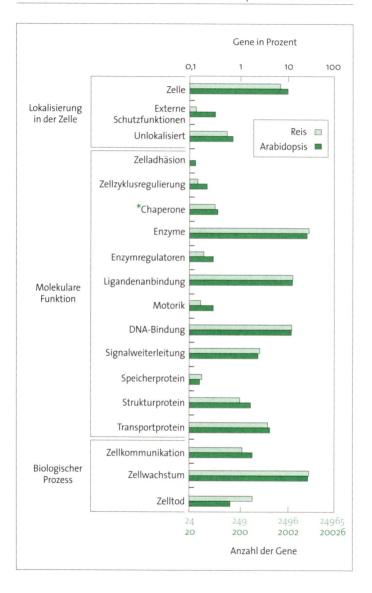

In Erwartung einer neuen Wissenschaft

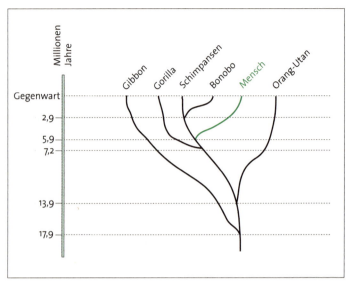

Phylogenie des Menschen und der Affen

sind als die Abweichungen zwischen den betrachteten Organismen. Der Unterschied zwischen dem behaarten und dem nackten Affen – wie wir manchmal charakterisiert werden – steckt wahrscheinlich weniger in der verfügbaren Genmenge und mehr in der unterschiedlichen Nutzung respektive Aktivierung von Genen. Wenn sich aber weder Zahl noch Struktur der Gene, dafür aber die Rate ihrer Nutzung (Expression) verändert hat, lohnt kaum der Blick auf die (inaktive) Gensequenz. Was untersucht werden müßte, ist die Genaktivität, und dies gelingt inzwischen mit den neuen Techniken auch immer besser.

Nun hat man einen Großangriff auf die Genaktivität gestartet und mit Hilfe von Gen-Chips rund 18 000 Gene auf einmal analysiert, wobei dazu Zellen aus Hirn, Leber und Blut herangezogen wurden. Dabei wurde zum einen festgestellt, dass die Genaktivität zwischen

Sequenzieren ohne Ende

einzelnen Menschen weiter differiert als zwischen einzelnen Schimpansen. Weiter zeigte sich, dass die genetische Produktivität in Leber- und Blutzellen von Menschen und Affen sehr gut vergleichbar ist und die Hauptunterschiede genau da liegen, wo man sie erwartet hat, nämlich in den Gehirnzellen. Mit anderen Worten, im Laufe der Evolution haben sich vor allem die Regulationsmuster der Gene geändert, die spezifisch für das Zentrale Nervensystem sind, und zwar ist dies bei uns etwa fünfmal so schnell gegangen wie bei den Schimpansen. Aber wie es dazu gekommen ist, zeigen die Daten leider immer noch nicht. Wie und warum ist unser Gehirn so groß und so aktiv geworden, dass es solche Fragen stellen kann?

Um hierauf irgendwann einmal vom Genom her genauer als heute antworten zu können, werden immer neue Versuche unternommen, die Analyse kompletter individueller Genomsequenzen durchzuführen. Im Kern geht es darum, das Genom in so genannte Haplotypen einzuteilen. Darunter versteht man kurze Abschnitte auf einem Chromosom, deren Marker (Allele) so eng beieinander liegen, dass sie so gut wie nie durch Rekombination getrennt werden. Die Haplotypen lassen sich inzwischen auch als Gruppen mit SNPs charakterisieren, und so öffnet sich nach und nach mit den im Sekundentakt einlaufenden Daten die Möglichkeit, die Variationen in einer Vielzahl von menschlichen Individuen (und ihren Genomen) so zu erfassen, dass damit Auskünfte über die genetische Basis für die Anfälligkeit gegenüber Krankheit gegeben werden können. Es lässt sich leicht vorstellen, dass es kein Kinderspiel sein kann, die Genome von tausend Patienten, die von einem Leiden betroffen sind, mit Genomen von tausend Menschen zu vergleichen, die ohne Beeinträchtigung leben. Aber Genetiker wie Eric Lander wollen es versuchen. Das Ziel, den Menschen von seinem Genom her zu verstehen, ist zu verlockend.

Am Ende dieser möglichst sachlich gehaltenen Beschreibungen zum menschlichen Genom ist festzustellen, dass bei aller Qualität

In Erwartung einer neuen Wissenschaft

der Forschung, bei aller Präzision der Messungen und bei allem Enthusiasmus der Beteiligten dem ganzen Unternehmen doch etwas zu fehlen scheint, und zwar etwas, das sich zum Beispiel bei Offenlegung der Doppelhelix vor ziemlich genau fünfzig Jahren unmittelbar zeigte: die Bedeutung des Erkannten. Die Struktur des Erbmaterials ließ sofort erkennen, wie es der DNA gelingt, ihre Funktion auszuüben und wie sie verdoppelt wird. Da gab es kein ergebnisloses Starren auf Basenpaare und Zuckermoleküle, so wie es jetzt ein wenig hilfreiches Wühlen in riesigen Datenbergen gibt.

Betrachtet man das Genom mit Barbara McClintock als hochsensibles Zellorgan, das unerwartete Ereignisse registriert und auf sie reagiert, dann ist das Genom keine passive Aneinanderreihung von Buchstaben mehr. Vielmehr wird es ein aktives Organ, das wie ein Gehirn operiert.

Man könnte sagen, Genome produzieren etwas, nämlich uns und unsere Form. Wenn sich die lebendige Gestalt entwickelt, beobachten wir das kreative Tun eines kreativen Genoms, und die Frage, die sich hier aufdrängt, lautet, ob und wo man dies in den Sequenzen erkennen kann.

Von der Sequenz zum Verständnis des »Textes des Lebens« ist es noch ein weiter Weg: Beginn der DNA-Sequenz des menschlichen Chromosoms 21.

Sequenzieren ohne Ende

gaattctctcctcaagttgccattcccttactacaagaacctctgatcccacacagtctactag atctctgggtatcaaggaaatgtcataaatctgaactcacttga
caatgtcaccatacagaaccaagtctgacagattatgaaggcacgaagaagtggcttgggtggctttagcccctttaatctgtttcagtgtaccctgaaactatac
caagtaaatacacaattgagactttttttgcttaaaaaaagagtactatgtaaatgaagcttcaagcagttatgtgcagagtttgcagggaaataactatgact
cagtaaatccatatccaggaaaagtactgttcacactcgggagcaacagacagacactccaacatgaagcaacacgaagcatagcctccatgtacctttcctaaa
aacaattactcaaagtgcttgagtcagctgagcaatgaatcaaaatgaagaacaaaaatgtagcaggtgaacaaaagcaatggcaacaaaagccaaaattga
caaacaggatctaattaaactaaagagcttctgcacagcaaaagaaactaccatcagagtgaacaggcaacctacggaatgggagaaaatttttggaatc
tactcatctgacaaagggctaatatccagaatctacaaagaactcaaacaaatttacaagaaaaaaatcaaacaaccccatcaaaaagtgggcaaaggatatg
aacagacacttctcaaaagaagacatttatgcagccaacagacacatgaaaaaatgctcatcatcactggccatcagagaaatgcaaatcaaaaccacaatgaca
taccatctcacaccagttagaatggtgattattaaaaagtcaagaaacaacaggtgctggagaggatgtggagaaactgaacactttcactg ttggtggg ac
tgtaaactagttcaacccattggtggaagacagtgtggcgattcctcaagaatctaaaactagaaataccatttgacccagccatcctattactgggtatataacccaa
aggattataaatcatgctgctataaaagacacatgcacacgtatgtttattgcggcacattcacaatagcaaagacttggaaccaacccaaatgtccaacaatgata
gactggatgaagaaaatgtggcacatatacaccatggaatactaagcagccataaaaaaaggatgagttcatgtcctttgtagggacatggatgaagctggaaac
catcattctcagcaagctaccgcaaggtcagaaaaccaaacactgcatgttctcactcataggtgggaactgaacaatgagaacccttggacacaggaagggg
aacatcacacaccagggcctgtcatggggtggggggatggggagggggatagcattaggagatacacctaatgtaaatgatgaattaatgggtacagcacac
caacatggcacatgcatgaatatgtaacaaacctgcacattgtgcacatgcaccctagaacttacagtataataataataaaaaaaagtagcaggtgaaaatgta
aataaatgattctaaaagtaaagataaaatataaaaatcatgaataatagtattgatttgaatttttaggcattcttacactaggattcaaggtgtggaagaagat
agaagtaaaggcaggttgcatttcttatctttcacaggtagagtccagtttattctcgatattgatggaaaaaaggtataattagtttttctaaacatttaaatata
aacattgatagactagaaatggccttctgacttgcatatgctactctgcatatcacaaaaaatgcaaggatgaaacaaatcagataatagcaaaacatagcaaaatttacaaa
gaaaatatcaaagtatttttaataaagaaaaagatgataaataaaaccaaacgtaccagaaatcataaatacaaacatattactctcatattgcatattgagaaat
actctcagataactttgaaattaaaggcattacatgctatacatgagagacaaaaactaaatttaaatgacaattcaaaaataaagagatagcggccaggcg
cggtggctcacgcctgtaatcccagcactttgggtggccaaggtgggtggatcatgaggtcaagagatcgagaccatcctggccaacatggtgaaactccatct
ctactaaaaatacaaaaaattagctgggcgtggtggtgcatgcctgtagtcccagctactcaggaggctgaggcaggagaatcgcttgaacctgggaagtgga
ggttgcagtgagctgagtggagccactgcactccagcctgggtgacagagcgagactccggctcaaaaaaaaaagagagaaaaaaagatatgagatactaaa
cctaatacactgaaagttccaataatatcaaagttgaattaaaagcagaaatattaactatgaacatgaatgactcattttttatcaatagaaggtggaagctatat
gacactaacaagaccatgtttaatgaaatgggatttgtattgaaggcaggtgctatctctcccactggacacatttttctcttgtgcagactctgggggtagggag
gtggccatgatgcaaagcacgaaaaaacactgtagtgactctggtctctctgctcactctagatcactaaaacagggtaaggacaatacagaggtgacatgt
tcatgctgaaaaaactatgagtcacttaggagaaaagtaaattctacactttatacctaagacaaagtaaattcagggcagatattttattttaaatgaagaaaat
aaattcaaaacagaaatttttggtgaatatatttaaaatcttggggtgagaaggactttctgagaataacattaaaggcaaaatcacaaagaaaagtacagataca
tttgattacatgaggattaaatgcttttatatagtgaaaaagaaacaacctgggagaaattgctttatattacataaaatagaaaaaggatcaatagatttaact tt
tcagtccaaagacaaaaggataaatgaaggtgtgtcaaagaacatgtcattagaacaaatatatttactaatatcagagaaaccaatgatggctagtgttaag
tgtgggaggggagaaatgtacactttgcatcttgatgttaaagcacatatcaatatcaatagcgtcacaatcatcccttttgacacagaatttccacttctgagaatt
tataacaagcaaataaccaacaatatacagagatttagcctcaaatatattcatttttgtaagttaaaaacttgtaaaaaaacttgaaaacctgaaatgttcagcaatatctgacta
ttaaatgaattatagcacatctacaccatgaaatatcacaccaactgttacaaataatgttgtaagtgcacatgaatatataattaacaaaaaaatatagccatga
tgtcattaataaggttatttacaaaagaataagtatggtctcatatctgtaaacaaaaaaagtatatgcttaaagaacttagaagtgcatgcatcaaagtttaagaa
tgactaaatgtgggtagatttgttgattgtattttcagattttcctttaatgaactcttacattatttttagttttttagaataaaacctatttacagaactacagagt
tttcaaagtattttttgcatgttatttttcatttttattactaattttttaaatacaatatccagtacagtggattgcattgaactaagccagtttactgactattaacttg
agagggttagtgacttgctgagtatcaggtgaatgaatatatgatgccaaaggcaagcactgattccagcttttactataaatccaatatcatcccccctgttatga
aacaccagcatttctcacagggactactgcaaattcctcctatatctatgtaagtgcattctgcattcgtttgtaattttaaaaataaataaaatgaaaacctgcttttattttgtttgg
agtggggaaagaaggaaatgcttgccttgcttaatcggtctaatttttgtttcagccctgggcagctccattacagaaaacgtatagctaatctgcagacacaca
gtttaattcagtggcaaattcagggtaatttgaagaactattttttatttgccctctttgtttagacaccaacagcttacaacatgtgagttaacttcctctcatg
gcagtacttcctctccagcattgacacaagctggtgaatggttatacaactgggcaagaaagaaggaaaaaatctcctgaatatgtctgcagttcagacac
aagccagtttaagaatgtattgtttcattacagtgagtacatgataaaatgccttcaggtcagtgcaacaggaagtactctagtgagattagaaacaaataa
gaataaaatcccaatgagcataaagaggtctttagtcagcaaaatatgtttgcttttgctatcaatacatttgctcatagcaaaatgtacaaaattgggaatcac
accatatctagtaaaaatgagaaacgttcactattgatgagttaagtagcattctgcattctgtttttttaaaaaaaacttttaatggaattaatttcctctaagaata
ctttttacattttcaagctagaagaacatttatttctgaatggatgggaattttttttttcaaaataatactttgtctaagaattcaactggagtaaatacggtgtacactcc
cacccatacattttgatatctttccatagtttcccttttttcctttcttgcctcagcggaagccctgtttaactaaagataaagagatccatcaatggctccctcctttc
aaacttcaaactgacttactcatatgaagcaacattttcagcatcttcaacttcaaacttggaaagtcgtgctaacacactttatccaccaaaaaaaagcaaaaat
atatcattagatatttgctacaaaatagtgatgaaaaatatatttgaataacaagaatcccatgaatctaaaggatatagtaaacatgactttagctcactggaa
gacctaatatttaagaaagaaaattacaatcattaaccagaaaactctttcctcatggatactcccaacactgaattttgcatatttttatctttctttttc
tctctctgtctctttctatatatatgcatataaagatatataaaagaatatgtatatggatatataatataaataatatgtgtgtagacatatctcaaagacattgtg
ggtttcattccagcacctgcaataaagcaaaaatgcattaagcaactcacacaaatgtttgggttccctgtgcatataaaagttagttttaccctacatgtagc
ctgttaagtttgcaatggcattatgttcgaaaaacttatgtatatatacctttaattaaaaactactttattggttaaaaaatgctaatgatcaccttttgctggtgga
gggcgttgcctccatgttcatggctgctgactgatcagagtggtgggttgccaatggcagaggtggctgagacaatttctaaaataggacaacaatgaagttt
tgctgtagcaaatggctcttcctttcacaagtgaggattaagtggtgaagccatcaggtcctggactttgttgaaagcctttttattactgattcaatctcattacttg
tttttggtctgttcaggttttctatttcttctttggtttagtcttggtaggtcgtatgggtcaaggatttttgtccacctcctctaggttttcaaatttattgtagagttgctca
taatagtctctaataattttttatttctgtcattatctgttatgaggtctcttttttttttgtttctgattttacttattttgggtcttcccttttttcttaattattgtcagttagtctaatg
gtttgttgatatttttaaactttttgttgttaacctttgtaattttttgcctcaaatttgtttatttctgtttggtcttcattatttatttctttttaataatttggggt
ttggtttgttcttactattctagtttctttgaggtagaattgttcagtggtttatttgaaagttttctgtttttttttgatccaggcatttattgctaaaaatatactttttt

VERTIEFUNGEN

Chromosom

Das Wort Chromosom stammt aus dem 19. Jahrhundert und heißt »farbiges Körperchen«. Damals versuchten die Biologen die verschiedenen Bestandteile einer Zelle dadurch im Lichtmikroskop sichtbar zu machen, dass sie ihren Präparaten einige Farbstoffe in der Hoffnung zusetzten, dass diese sich selektiv an einzelne Strukturen anheften und andere unbeachtet lassen würden. Ihre Hoffnungen wurden bestätigt, und am besten konnte man die Chromosomen anfärben. Die so identifizierten Zellgebilde (Organellen) durchliefen mehrere Phasen, und am besten sichtbar wurden und werden sie in der so genannten Metaphase kurz vor der Teilung einer Zelle. Dann zeigen sich im Mikroskop dicke Knäuel, die sich erstens zählen lassen und die sich zweitens bei Zellteilungen so verhalten, wie man dies von den Erbelementen erwartet, wie es sie nach Gregor Mendel geben sollte. Die Chromosomen wurden zu Beginn des 20. Jahrhunderts als Träger der Erbanlagen identifiziert und in der Folge mit immer feineren Methoden und besseren Mikroskopen untersucht. Heute weiß man, dass die Zellen aus langen DNA-Fäden bestehen, die oft durch eine besondere Familie von Proteinen verpackt werden müssen, damit sie in eine Zelle passen. Für den DNA-Faden eines Chromosoms und die ihn aufwickelnden Proteine hat sich auch der Name Chromatin eingebürgert, den man noch weiter in Eu- und Heterochromatin differenzieren kann. Wenn das Chromatin-Material Form annimmt, erkennt man ein Chromosom, bei dem vor allem die Mitte – das Centromer – auffällt. In ihm liegen ungewöhnliche DNA-Sequenzen, die als Satelliten-DNA bekannt sind und vielfach wiederholt werden (**repetitive DNA**). Die Schlussstücke heißen Telomere, und mit Hilfe ihrer Länge glaubt man in der Lage zu sein, das

Chromosom

Alter einer Zelle ablesen zu können. Bei jeder Teilung scheinen die Enden etwas kürzer zu werden, bis das natürliche Ende dieses Prozesses erreicht ist und die Zellteilung aufhört.

Eine Art (Spezies) kann durch die Zahl ihrer Chromosomen charakterisiert werden, wobei sich dieser Wert gewöhnlich auf den Chromosomensatz bezieht, den man als diploid bezeichnet. Körperzellen verfügen über einen doppelten Chromosomensatz (was auch heißt, dass nahezu alle Gene in zwei Exemplaren vorhanden sein können, die nicht unbedingt identisch zu sein brauchen). In den Zellen von Menschen befinden sich 46 Chromosomen, was im übrigen eine eher kleine Zahl darstellt. Der Karpfen schleppt 104, die Katze 64 und das Rind 60 Chromosomen mit sich herum, und selbst der Tabak und die Ameise sind mit jeweils 48 Stück noch reichhaltiger bestückt als unsere Spezies. Den Rekord halten Farne, deren Genom aus mehr als 600 (kleinen) Chromosomen besteht. Es lässt sich keine Systematik erkennen, mit deren Hilfe etwa eine Korrelation zwischen der wahrnehmbaren Komplexität eines Organismus und der Organisation seiner Chromosomen erschlossen werden könnte. Und noch etwas: Obwohl alle Säugetiere – uns eingerechnet – mit rund sechs Milliarden Basenpaaren etwa über die gleiche Gesamtlänge des DNA-Fadens verfügen, erweist sich die Zahl der Chromosomen von Spezies zu Spezies sehr verschieden (was noch niemand erklären kann).

Bei den meisten Arten übernehmen zwei Chromosomen eine klar erkennbare Aufgabe. Sie bestimmen das Geschlecht ihres Trägers. In fast allen Säugetieren, bei vielen Reptilien, den meisten Fliegen und Mücken tragen die Männchen ein geschlechtsspezifisches Chromosom, das seiner Form wegen mit dem Buchstaben Y bezeichnet wird. Mit ihm finden wir die Ausnahme von der sonst gültigen Regel, dass alle Chromosomen paarweise auftreten. Dies gilt auch für die Weibchen, die Trägerinnen von zwei Chromosomen sind, die oft X-artig aussehen und daher so heißen. (Bei manchen Fisch- und Amphibienarten verhält sich die Sache umgekehrt.)

Chromosom

Es gibt also Chromosomen, die das Geschlecht bestimmen, und so heißen sie dann auch: Geschlechtschromosomen, beim Mann als XY-Kombination, bei der Frau als XX-Paar. Alle anderen »farbigen Körperchen« bekommen den Namen Autosomen und werden gewöhnlich der Größe nach angeordnet. Die dabei zustande kommende Darstellung von Chromosomen ist als Karyotyp bekannt. Beim Menschen finden sich zweimal 22 Autosomen, die zusammen die zweimal 3000 Millionen Basenpaare enthalten, die das diploide Humangenom ausmachen. (Wenn von drei Milliarden Basenpaaren des Humangenoms die Rede ist, meint das den haploiden Satz, bei dem jedes Chromosom nur einfach vorkommt.) Das längste Chromosom mit der Nr. 1 enthält dabei 263 Millionen Basenpaare, und das kleinste Chromosom – ja, was ist das kleinste Chromosom? Die Nummerierung stammt von den ersten Genetikern, die mit noch nicht so ausgereiften Mikroskopen nicht genau genug hinsehen konnten und einem Chromosom mit der Nr. 22 die letzte Stelle zuweisen. Das heutige mögliche Abzählen der Basenpaare aber hat ergeben, dass das Chromosom 22 mit 60 Millionen Basenpaaren 10 Millionen mehr als Chromosom 21 umfasst. Auch Chromosom 19 ist mit 63 Millionen Basenpaaren größer als Chromosom 20 mit 72 Millionen Basenpaaren – aber ansonsten stimmt die Rangordnung. Wenn die Geschlechtschromosomen mit in diesem Ranking erscheinen würden, nähme das (weibliche) X mit 164 Millionen die Position 7 ein, während das (männliche) Y weit abgeschlagen die letzte Stelle besetzt.

Wenn man die Gesamtlänge der DNA berechnet, die in allen Chromosomen einer Zelle versammelt ist und die in erster Näherung das Humangenom ausmacht, kommt man auf den erstaunlichen Wert von etwa zwei Metern (im diploiden Fall, was einer haploiden Zelle die Hälfte, also einen Meter, einräumt). Das Genom ist somit ungeheuer lang, was besonders beeindruckend wirkt, wenn man sich klarmacht, wie klein die Zellen sind. Die meisten sind so winzig, dass man sie mit unbewaffnetem Auge nicht sehen kann. Wer mit einem

Chromosom

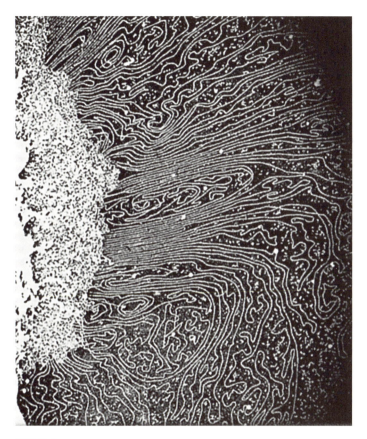

DNA-Faden

Kugelschreiber mit dicker Mine einen Punkt auf seine Handoberfläche setzt, färbt auf diese Weise fast 1000 Zellen an. Unter diesem Punkt liegen dann zwei Kilometer DNA, und zwar allein in den Zellen der Haut, also denen an der Oberfläche! Bei mehr als 50 Billionen Zellen im menschlichen Körper wird unsere gesamte DNA mehr als 100 Billionen Meter lang, was mehr als 100 Milliarden Kilometer sind. Damit erreichen wir rasch kosmische Dimensionen, und es könnte sich fast lohnen, die Größe des Genoms in Lichtjahren auszudrücken. Mit anderen Worten: Das Genom ist einfach unvorstellbar.

Die Doppelhelix

Jeder der DNA-Stränge ist kettenartig gebaut, wobei die Natur insgesamt vier Kettenglieder verwendet. Diese Bausteine tragen die fachliche Bezeichnung Nukleotide, und sie bestehen selbst wieder aus drei Untereinheiten, einem Zucker, einer Phosphatgruppe und einer Base, wie es in der Sprache der Chemie heißt. Die vier Nukleotide unterscheiden sich nur in den Basen, die deshalb wichtig sind, weil sie im Zentrum der DNA-Doppelhelix liegen und das eigentliche Interesse der Biologen beanspruchen. Die vier Basen heißen aus historischen Gründen Adenin (A), Thymin (T), Guanin (G) und Cytosin (C), und sie bilden zusammen zwei Paare – nämlich AT und GC –, die deckungsgleich sind und somit das Innere der Doppelhelix ausfüllen können. Hier liegen die Basenpaare hinter- oder aufeinander, und dabei bilden sie das ABC des Lebens (wobei man genauer das ATGC des Lebens sagen könnte). Damit ist gemeint, dass in der Reihenfolge (Sequenz) der Basenpaare eine biologische Information steckt, die von der Zelle und ihrer Maschinerie gelesen und umgesetzt wird.

Wenn jemand die Sequenz von Basenpaaren in einer DNA-Doppelhelix angeben will, reicht es, die Anfangsbuchstaben einzelner Basen zu notieren, da sich immer nur A mit T und G mit C paart. Wenn also etwa von der Sequenz GCTTAAAGT auf einem Strang gesprochen wird, findet sich auf dem dazugehörigen zweiten Strang (dem so genannten Komplementärstrang) die Reihenfolge CGAATTTCA.

Eine Zelle liest die Sequenz auf einem Einzelstrang, nachdem sie die Doppelhelix geöffnet hat, und in einem ersten Schritt fertigt sie aus der Reihenfolge der DNA-Bausteine ein Molekül namens RNA an, wobei dieser Vorgang als Transkription bezeichnet wird. Die ebenfalls kettenartig gebaute RNA ist so eng mit der DNA verwandt, wie es die drei Buchstaben nahe legen. Die beiden Substanzen unterscheiden sich zunächst in dem Zucker-Baustein eines Nukleotids. Statt der Desoxyribose in der DNA findet man hier die Ribose. Und weiter verzichtet die RNA auf die Base Thymin und nimmt stattdessen ein ähnliches Molekül namens Uracil. Eine ihrer wichtigsten Aufgaben besteht darin, als Botenmolekül zu fungieren – als »messenger RNA«, wie es auf Englisch heißt, was zu der Abkürzung mRNA geführt hat. Die mRNA wird in der Zelle aus der zunächst transkribierten RNA hergestellt und enthält genau die Informationen, die zum Bau der wichtigsten Arbeitspferde einer Zelle benötigt werden, den Proteinen.

Gen

Gene haben bereits eine lange Geschichte, und damit ist nicht nur die der Evolution, sondern auch die der dazugehörigen Wissenschaft gemeint. Das Wort »Gen« ist 1909 aufgekommen, um den Erbelementen einen fachlich adäquaten Namen zu geben, von denen Gregor Mendel um 1865 als Erster etwas gewußt hat. Das »Gen« war zunächst nur eine Buchungseinheit, mit der ein Genetiker die Bilanz seiner Kreuzungsexperimente notierte, bis immer deutlicher wurde, dass die Erbelemente einen Ort in den Zellen haben. Sie liegen nämlich auf den Chromosomen, aufgereiht wie Perlen auf einem Halsband.

In den dreißiger Jahren des 20. Jahrhunderts fingen neben den Erbforschern auch die Physiker an, sich für das Gen zu interessieren. Sie wollten wissen, was da zum Beispiel von Röntgenstrahlen getroffen und durch sie verändert werden konnte. Bald wurde klar, dass Gene aus Atomen bestehen, und nach und nach stellte sich dann heraus, aus welchem chemischen Material sie zusammengefügt sind. Der Stoff, aus dem die Gene sind, war den Chemikern zwar bereits seit

Gen

dem 19. Jahrhundert bekannt, aber berühmt wurde diese Kenntnis erst, als nach dem Zweiten Weltkrieg erkannt wurde, wie schön gebaut die DNA ist, die von der Natur als Erbanlage genutzt wird. Die Bedeutung der Struktur – der legendären Doppelhelix – ist deshalb nicht zu überschätzen, weil sie sofort Auskunft über die Funktion des Gebildes gibt. Im Zentrum der DNA befinden sich Basenpaare, und deren Reihenfolge stellt die genetische Information dar, die wie ein Text gelesen werden kann, der einer Zelle die Anleitung zur Herstellung von Genprodukten liefert, von denen die Proteine die prominentesten sind. »Ein-Gen-ein-Protein« – so lautete einmal eine biochemische Definition des Gens, die zwar immer noch einen Hauch von Wahrheit enthält, die heute aber ebenso unvollständig und unergiebig ist wie die Definition, dass ein Gen ein Stück DNA ist, das auf einem Chromosom zu finden ist. Wie sich nämlich im Anschluss an das Aufkommen der Gentechnik herausstellte, liegt in den Zellen der so genannten höheren Organismen die genetische Information nicht in einem Ganzen, sondern in vielen Teilen vor. Zwar ist ein Genprodukt – wie ein Protein – als Einheit gegeben, aber nicht das dazugehörige Gen. Es besteht vielmehr wie ein Mosaik aus unterschiedlichen Gensegmenten, die zudem variabel zusammengefügt und in unterschiedlichen Kombinationen benutzt werden können.

Es ist also nicht so ohne weiteres möglich, korrekt und umfassend zu definieren, was Gene sind, und die Aufgabe wird noch schwieriger, wenn man sich klarmacht, dass sie über die hier betrachteten Funktionen noch weitere Aufgaben im Leben einer Zelle übernehmen können. Bislang ging es nur um DNA-Sequenzen, die Informationen zum Bau eines Proteins (oder anderer Genprodukte) enthalten. Nun ist bekannt, dass unterschiedliche Zellen sich dadurch auszeichnen, dass in ihnen unterschiedliche Produkte vorhanden sind, was dadurch zustande kommt, dass die dazugehörigen Gene genutzt werden (oder nicht). Man redet etwas mechanisch gerne vom Ab- und Anschalten der Gene, und wenn man jetzt fragt, woraus die Schalter – die regulierenden genetischen Elemente – gebaut sind, wird niemand überrascht sein, wenn die Antwort lautet, auch aus DNA. Es gibt also Gene (DNA-Sequenzen), die informieren (Strukturgene), und Gene (DNA-Sequenzen), die regulieren, aber niemand weiß, ob damit schon alle Möglichkeiten genannt sind, die Genen offen stehen (was eher unwahrscheinlich ist). Die DNA-Sequenzen mit regulierenden Aufgaben müssen sich allein deshalb als Gene einstufen lassen, weil sie ebenso vererbt werden wie die altbekannten Strukturgene, und schließlich ist ja die Weitergabe von Generation zu Generation das, was letztlich zählt, wenn es um die Elemente der Vererbung – um Gene – geht.

Ein Genom steckt also voller DNA-Sequenzen, die als Gene dienen und dabei völlig verschiedene Aufgaben übernehmen. Eine weitere wichtige Beobachtung liegt dabei darin, dass ein regulierendes DNA-Stück nicht unmittelbar neben dem Gen liegen muss, für das es zuständig ist. Es kann vielmehr weit entfernt von ihm auf dem langen Faden untergebracht sein, der die genetische Basis eines Chromosoms ausmacht, wobei es immer sein kann, dass die miteinander wechselwirkenden DNA-Sequenzen sich durch das Verpacken der DNA wieder so nahe kommen, dass sie direkten Kontakt haben.

Nur von der Struktur her ist ein Genom einfach – DNA-Sequenzen, wohin man schaut. Aber bei der Funktion gibt es noch viel zu entdecken und zu lernen.

Genetische Identität

Das Thema der genetischen Identität hat mindestens vier Aspekte. Erstens heißt es oft, dass zwei (beliebig herausgegriffene) Menschen in rund 99,9 % ihrer Gene übereinstimmen. Doch so klein und unbedeutend der damit angedeutete Unterschied zu sein scheint, bei drei Milliarden Basenpaaren im menschlichen Genom sind damit immerhin noch drei Millionen unterschiedliche Bausteine gemeint, und

Genetische Identität

wenn sie an geeigneten (oder ungeeigneten) Stellen sitzen – zum Beispiel in der Mitte von regulatorischen Sequenzen –, dann kann selbst die allerkleinste Ursache – ein Buchstabe in der Sequenz – eine riesengroße Wirkung entfalten.

Eine wichtige Abteilung der Genetik befasst sich zweitens mit der Frage, wie es Zellen gelingt, ihr genetisches Material bei einer Teilung einigermaßen getreu zu verdoppeln. Es ist ausgeschlossen, dass bei Milliarden Schritten kein Fehler passiert, und wenn man bedenkt, dass für den Körper der Menschen Billionen Zellen hergestellt werden müssen, dann gewinnt diese Frage an Gewicht. Die Zellen verfügen zwar über ausgeklügelte Reparaturmechanismen, um etwaige Kopierfehler auszubessern, aber ein Rest geht daneben, und im Laufe der Jahre nimmt die Übereinstimmung selbst zwischen den Genomen solcher Zellen eines Körpers ab, die vergleichbare Spezialaufgaben – etwa als Herz- oder Nierenzellen – übernommen haben.

Drittens ist bekannt, dass zum Beispiel in Zellen des Immunsystems Gene erst im Laufe der Entwicklung entstehen. Genomsegmente werden umgruppiert und neu angeordnet, um eine Vielfalt zu erzeugen, die der Vielfalt all der vielen Fremdstoffe entspricht, die aus der Umwelt in einen Organismus eindringen und seine Gesundheit gefährden können. Mit den Umlagerungen verändert das Genom unentwegt seine Gestalt, und es ist klar, dass das Ziel der genetischen Identität von den Zellen des Immunsystems nicht angestrebt wird.

Das Thema der genetischen Identität hat viertens über die drei molekularen Aspekte hinaus noch eine historisch-politische Dimension. Schließlich ist es noch nicht so lange her, dass einige Fanatiker versuchten, die Überlegenheit ihrer Rasse auf biologischer Basis zu beweisen. Damit war – wenn man die Sprache der Genomforschung verwendet – die Annahme gemeint, dass es bessere und schlechtere Genome gibt und man die Überlegenheit eines Ariers schon an seinen DNA-Sequenzen ablesen kann. Natürlich sind solche Gedanken gefährlicher Unfug, und ein wichtiges Ergebnis des Humanen Genomprojektes besteht darin, dies ein für alle Mal klarzustellen. Wenn man nämlich einzelne Mitglieder einer vermeintlichen Rasse untereinander vergleicht, findet man bei ihnen mehr Unterschiede in den Genomsequenzen als zu Mitgliedern anderer vermeintlicher Rassen bestehen.

Gene und Krebs

Die ursprüngliche Hoffnung des Genomprojektes bestand darin, die Krankheit Krebs besser verstehen und behandeln zu können. Das Wort Krebs (»cancer«) wird benutzt, wenn Zellen anfangen, sich unkontrolliert zu vermehren, wobei dieser Vorgang – die zuerst oft als Schwellung erkennbare Tumorbildung – nicht auf ein Gewebe beschränkt zu bleiben braucht und sich in den ganzen Körper hinein erstrecken kann. Bösartige Wucherungen heißen auch Karzinome, und ihre Ausbreitungen nennt man Metastasen. Die einzelnen Krebs- oder Tumorzellen, die oft auch als transformierte Zellen bezeichnet werden, fallen im Laboratorium dadurch auf, dass sie sich offenbar unendlich oft teilen können. Während normale Zellen nach rund fünfzig Zellteilungen mit diesem Vorgang aufhören, scheinen Tumorzellen keine Begrenzung zu kennen und unsterblich zu sein.

Die neue Genetik mit der Kenntnis der Genome hat nun eine Reihe von Genen identifiziert, die an der Krebsentstehung beteiligt sind. Dabei sind zwei Klassen aufgefallen, die man als Onkogene und Tumor-Suppressor-Gene unterscheidet. Onkogene gehören zum normalen Inventar einer Zelle, und ihre Produkte tragen auf verschiedene Weise zum Wachstum bei – zum Beispiel als Proteine, die den Beginn eines Zellzyklus einläuten. Genauer gesagt verfügt eine normale Zelle über DNA-Sequenzen, die durch eine Mutation zu einem Onkogen werden, dessen Produkt dann in der transformierten Zelle derart aktiv ist, dass unkontrolliertes Wachstum die Folge ist.

Gene und Krebs

Eigentlich hat die Evolution den Zellen für solche Unfälle ein Hilfsmittel gegeben, nämlich Gene, deren Produkte das Entstehen von Tumoren unterdrücken. Sie heißen aus nahe liegenden Gründen Tumor-Suppressor-Gene. Wenn deren Funktion – durch eine zweite Mutation – gestört wird, steigt die Chance der Krebsentstehung gewaltig.

Es muss zu einer ganzen Folge von Mutationen kommen, um Zellen und die von ihnen gebildeten Gewebe zu transformieren; einige Varianten mit der Fähigkeit, Krebs auszulösen, können schon von Geburt an zum Genom eines Menschen gehören. Man spricht dann von vererbbaren Genschäden, und ihre Positionen und einige der Orte, von denen aus neue Mutationen entweder Onkogene entstehen lassen oder Tumor-Suppressor-Gene unwirksam machen, sind inzwischen im Genom bekannt und markiert. (Damit beschäftigt sich inzwischen eine neue Wissenschaft namens Onkogenomik.) In der Öffentlichkeit am besten bekannt sind die genetischen Abschnitte, die an der Entstehung von Brustkrebs (»breast cancer«) beteiligt sind und daher BRCA 1 und 2 heißen. BRCA 1 liegt in der Mitte des langen Arms von Chromosom 17 (an Position 17q21), und BRCA 2 liegt nahe dem Centromer von Chromosom 13 (an Position 13q12). Jedes Chromosom beherbergt offenbar mindestens ein Gen, das krebsauslösende Produkte entstehen lassen kann.

Unter Wissenschaftlern findet die größte Aufmerksamkeit das ebenfalls auf Chromosom 17 liegende Tumor-Suppressor-Gen. Es heißt p53-Gen, weil eine Zelle mit seiner Hilfe das Protein bildet, das man mit dem Namen p53 ausgestattet hat. Man weiß von diesem Gen, dass es in mehr als der Hälfte der klinisch bedeutsamen Krebsarten durch eine Mutation beschädigt ist, was dem p53-Protein eine veränderte Wirkung gibt. Dieses Protein nimmt offenbar eine Schlüsselstellung in der Fähigkeit von Zellen ein, auf DNA-Schäden reagieren zu können. Das Protein p53 operiert als Transkriptionsfaktor und aktiviert einige Dutzend anderer Gene. Vermutlich gerät die innere Ordnung der Zelle außer Kontrolle, wenn p53 versagt. Menschen, die mit einer Mutation in dem dazugehörigen Gen geboren werden, erkranken sehr früh an Krebs. Die Mediziner sprechen vom Li-Fraumeni-Syndrom und hoffen, dank der Kenntnis der Genomsequenz mehr tun zu können, als nur den Schaden zu diagnostizieren.

Genkarten

So wie es politische und geographische Karten gibt, kennen die Wissenschaftler biologische und physikalische Genkarten. Die ultimative Genkarte ist natürlich die Gensequenz, aber um sie und ihre molekularen Details zu bekommen, muss man sich zunächst eine Übersicht verschaffen, und dies gelingt erst mit einer genetischen und dann mit einer physikalischen Karte. Genetische Karten fertigen die Biologen schon seit 1915 an. Damals hatte man erkannt, dass Gene auf Chromosomen so hintereinander liegen wie Perlen auf einer Kette, und nun wollte man ihre Reihenfolge wissen. Als Untersuchungsobjekt hatten sich die Genetiker die Fliege *Drosophila* ausgewählt, bei der alle möglichen Mutanten auftauchten, die man miteinander Nachwuchs bilden ließ. Bei solchen Kreuzungsexperimenten kommt es durch den genetischen Mechanismus der Rekombinationen zu neuen Verteilungen der veränderten Eigenschaften, und die einfache Regel gilt, dass die Häufigkeit der Rekombination durch die relativen Abstände der untersuchten DNA-Abschnitte (Gene) bestimmt wird. Je enger sie benachbart sind, desto unwahrscheinlicher ist ihre Rekombination. Je weiter sie voneinander entfernt sind, desto häufiger werden sie neu angeordnet. Auf diese Weise kann – in mühevoller Kleinarbeit – eine genetische Karte erstellt werden, die Auskunft über die Orte (Loci) gibt, die Gene auf Chromosomen einnehmen.

Physikalische Genkarten sind erst im Rahmen der Molekularbiologie möglich geworden. Man beginnt mit der Zerschneidung der DNA durch ein Restriktionsenzym und erhält auf diese Weise eine Ansammlung von wohldefinierten Fragmenten. Um sie aufbewahren

Genkarten

zu können und gut verfügbar zu haben, überführt man die DNA-Stücke in biologische Zwischenträger, mit deren Hilfe später auf sie zurückgegriffen werden kann. Es sind erneut die Mittel der Gentechnik, die dies erlauben, und die Zwischenträger nennen die Fachleute gerne Vektoren. Sie übertragen diese Aufgabe am liebsten Viren, die Bakterien vernichten (»fressen«) können und daher Bakteriophagen heißen. Wenn man das komplette Genom eines Organismus in Fragmente zerlegt und all diese DNA-Stücke in Vektoren einbaut, legt man eine Genbibliothek des Organismus an, wie man sagt. Mit einer solchen Genbibliothek kann nun die Arbeit an der physikalischen Genkarte beginnen. Dazu angelt man ein Fragment aus seinem Zwischenträger, auf dem Eintragungen der genetischen Karte verzeichnet sind. Das so markierte DNA-Segment wird nun – mit anderen Restriktionsenzymen – in mehrere kleine und überlappende Abschnitte zerlegt, die sequenziert werden können.

Der unter Forschern beliebteste Vektor heißt aus historischen Gründen Bakteriophage Lambda. Mit ihm kann man deshalb so gut Genbibliotheken anlegen, weil sich schon früh herausstellte, dass Lambda im Laboratorium einen großen Teil seines eigenen Genoms nicht braucht; man kann es also problemlos durch die DNA-Fragmente ersetzen, die man in der Genbibliothek aufbewahren möchte: Auf diese Weise nimmt ein Bakteriophage Lambda Restriktionsfragmente auf, die bis zu 20 000 Basenpaare lang sein können.

Es gibt inzwischen die Möglichkeit, mit Hilfe von genetischen Elementen aus Lambda Vektoren zu konstruieren – die so genannten Cosmide –, die sich fremde DNA von einer Länge bis zu 50 000 Basenpaaren einbauen lassen und bereithalten. Aber selbst dies war vielen Forschern immer noch nicht genug, denn für die Erkundung riesiger Genome hätte selbst eine Genbibliothek mit Bänden dieses Umfangs unpraktikable Ausmaße angenommen. Die Lösung dieses Problems bestand darin, künstliche Chromosomen zu fabrizieren, und zwar vor allem künstliche Bakterien- und Hefechromosomen, die nach den dazugehörigen englischen Bezeichnungen BAC (Bacterial Artificial Chromosome) und YAC (Yeast Artificial Chromosome) heißen. YACs können zwar mehr fremde DNA als BACs verkraften – es handelt sich um einen Umfang von bis zu einer Millionen Basenpaaren gegenüber rund 300 000 Stück –, aber der Umgang mit den Bakterien hat sich als leichter herausgestellt. Das humane Genomprojekt hat sich – von der öffentlichen Seite her – von einem BAC zum nächsten vorgearbeitet, um an die Sequenz zu kommen.

Für den praktischen Gebrauch der Genbibliotheken ist es wichtig, dass sie möglichst vollständig sind und die DNA-Fragmente nicht zu knapp überlappen. Wenn man etwa das ganze Humangenom mit seinen drei Milliarden Basenpaaren in einer Lambda-Bibliothek unterbringen will, braucht man etwa 700 000 Vektoren (Klone), wenn man einmal annimmt, dass ein Fragment im Schnitt 20 000 Basenpaare lang ist. Und die genannte Überlappung ist in diesem Fall allein deshalb wichtig, weil es Gene im Menschen gibt, die – durch ihre Mosaikstruktur – weit mehr als einige Zehntausend Basenpaare lang sind, die also gar nicht in einen Vektor passen. In einer Genbibliothek liegen einzelne Gene wie in der Zelle vor – nicht am Stück, sondern zerstückelt. Nur wenn sich ein Ende eines DNA-Fragments am Beginn eines anderen wiederfindet, kann durch Aneinanderreihen ein Abschnitt des Genoms kontinuierlich zusammengefügt und das aufgeteilte Gen rekonstruiert werden.

Genprodukte und Proteine

Das Produkt eines Genoms im weitesten Sinne ist die Zelle, in der es aufbewahrt und von der es weitergegeben wird. Solch eine Zelle funktioniert im Verständnis der Molekularbiologie mit Hilfe von Molekülen, und einige der größten und wichtigsten werden gezielt nach den Informationen hergestellt, die in den Gensequenzen aus DNA stecken. Die Maschinerie einer Zelle produziert auf der Grund-

Genprodukte und Proteine

lage der Basensequenzen in seinem Genom Molekülsorten unterschiedlicher Art, die hier als Genprodukte vorgestellt werden. Als wichtigstes Produkt treten die Proteine auf – ohne sie gäbe es gar keine Genprodukte. Erst wird aus einer Reihenfolge von DNA-Bausteinen eine Reihenfolge von RNA-Bausteinen; in der Sprache der Wissenschaft sagt man, die genetische Information wird übertragen – transkribiert –, und das primäre Transkript wird bearbeitet (prozessiert) und übersetzt (translatiert). Ziel ist die Hervorbringung eines Botenmoleküls, aus dem heraus zu guter Letzt das Protein entsteht. Die Synthese der Proteine vollzieht sich auf besonderen Strukturen der Zelle, die als Ribosomen bezeichnet werden und die unter anderem aus einer nur hier wichtigen und wirkenden RNA bestehen. Die ribosomale RNA (rRNA) entsteht ebenso als ein direktes Genprodukt – also durch das Umsetzen von genomischen Sequenzen – wie eine andere Sorte von diesem Molekül, die auch bei der Synthese der Proteine eine Rolle spielt. Gemeint sind die RNA-Moleküle, die in der Lage sind, die Bausteine der Proteine (Aminosäuren) festzuhalten, und die deshalb von den Ribosomen benutzt werden, um diese Bausteine aneinander zu reihen. Man spricht von den Transfer-RNA-Molekülen (tRNA), die für jede Aminosäure zur Verfügung stehen, was bedeutet, dass es zwanzig verschiedene Arten von ihr gibt. Alle diese tRNAs sind ebenfalls direkte Genprodukte.

Die Proteine sind für die Reaktionen der Immunabwehr zuständig, sie bringen als Hämoglobin den Sauerstoff in die Zellen, sie erlauben den Muskeln, sich zu kontrahieren, sie führen alle Stoffwechselreaktionen durch, sie stellen das genetische Material, sorgen für seine Stabilität und übertragen seine Information auf andere Moleküle usw. So vielfältig auch das Spektrum an Aufgaben ist, das Proteine abdecken, so einheitlich ist der Grundplan ihres Aufbaus. Proteine sind kettenartig konstruiert, und jedes Kettenglied ist jeweils eine von insgesamt zwanzig Aminosäuren. Wenn diese Bausteine nach der Vorgabe durch eine DNA-Sequenz im Genom – einem kodierenden Stück DNA – aneinander gereiht worden sind, ist der Entstehungsprozess eines Proteins noch nicht abgeschlossen. Die nach der genetischen Instruktion angefertigte Kette faltet sich jetzt ohne weitere Hilfe – offenbar nur in Abhängigkeit von dem wässrigen Milieu, das eine Zelle bietet – zu einer Struktur, die von außen oft wie ein zerknautschtes Stück Papier aussieht. In dieser oftmals rundlichen Form sind zwar viele Proteine bereits aktionsfähig, aber einige von ihnen müssen sich erst noch ähnlich geartete Partner suchen, um in dem dann zu bildenden Verbund die Aktivität zu entfalten, die eine Zelle – und damit das Leben – benötigt.

Viele Proteine bestehen also aus mehreren Ketten von Aminosäuren. Wenn von der genetischen Information für ein Protein bzw. dem Gen für ein Protein gesprochen wird, meint man zunächst nur die DNA-Sequenz, mit der die Reihenfolge der Aminosäuren in einer solchen Kette festliegt. Das funktionierende größere Gebilde benötigt dann mehrere Gene, um gebaut werden zu können. Im Genom liegen die entsprechenden Sequenzen oft merkwürdigerweise nicht nur nicht nebeneinander, sondern weit auf allen Chromosomen verstreut.

Genregulation

Vielfach ist zu lesen, dass Gene an- und abgeschaltet werden, ohne dass dabei erwähnt wird, woraus der Schalter besteht. Es hat in der Frühzeit der Molekularbiologie sehr lange gedauert, bis klar wurde, dass die Schalter, mit deren Hilfe eine Zelle reguliert, welche Gene sie wann verwendet und nutzt, aus demselben Material bestehen wie die Gene selbst, nämlich aus DNA. Es gibt in jedem Genom Sequenzen, die Informationen zum Bau von Proteinen enthalten, und es gibt Sequenzen, die steuern, wann und wie diese Information gebraucht wird. Diese regulierenden Gensequenzen werden nicht gelesen, sondern sie werden gebunden bzw. an sie lagert sich ein anderes Mole-

Genregulation

kül an und bindet sich dort fest. Wer immer als Zellbaustein etwas mit der DNA anfangen will, muss mit ihr in Kontakt treten, er muss DNA binden, und dieser Vorgang kann verschiedene Folgen haben. Er kann DNA-Sequenzen blockieren (negative Regulation) oder aktivieren (positive Regulation), wobei das Genom von Bakterien in vielen Fällen dadurch charakterisiert ist, dass einige Gene hintereinander angeordnet sind, um sie einem einzigen Kontrollelement zu unterwerfen. In den Lehrbüchern wird dann von einem Operon gesprochen, worunter die gekoppelten Strukturgene und die dazugehörigen regulierenden Sequenzen gehören. Mit zu diesen Steuerstücken im Genom gehört eine Sequenz, die den Startort markiert, an der das Ablesen der genetischen Information beginnt. Man nennt solche Erkennungs- und Bindestellen Promotoren, und bei Bakterien liegen die dazugehörigen Sequenzen am Anfang eines Gens. Auch die Gene in höheren Organismen haben Promotoren, aber bei ihnen empfiehlt es sich, zwei Arten von Genen zu unterscheiden. Das sind zum einen Gene, deren Information in allen Zellen unabhängig vom Stadium der Entwicklung und Differenzierung benötigt wird, und da sind zum anderen Gene, die nicht zum festen Bestand einer jeden Zelle gehören. Im ersten Fall ist oft von Haushaltsgenen die Rede, und ihre Promotoren sind eher unauffällig gebaut. Die anderen enthalten eine Besonderheit. Sie weisen kurz vor dem Startpunkt der Genübertragung eine regulierende DNA-Sequenz auf, die durch überzufälliges Auftreten von A und T gekennzeichnet ist und die typische Folge TATA besitzt. Für solch ein Bonbon im Genom hat sich der hübsche Name TATA-Box durchgesetzt.

Neben stark AT-haltigen Bereichen lassen sich auch GC-reiche Abschnitte mit Längen von bis zu 1000 Basenpaaren finden, die sich bevorzugt in Gensequenzen aufhalten. Die nachfolgende Analyse hat dann ergeben, dass sie eine besondere Aktivität nach sich ziehen und es mit ihrer Hilfe zu häufigen Mutationen im Genom kommt. Man spricht von GC-Inseln, die als Hot Spots der Evolution dienen.

Genregulation

Natürlich können hier nicht einmal in Ansätzen all die Mechanismen angeführt werden, die Wissenschaftler auf der Suche nach einem Verständnis der Genregulation aufgedeckt haben. Erwähnt werden sollte aber, dass das Chromatin selbst mit an der Steuerung der Genaktivität beteiligt ist. Das bekannteste Beispiel stellen die beiden X-Chromosomen dar, die aus dem Zellkern heraus das weibliche Geschlecht bestimmen. In den Zellen weiblicher Säugetiere ist eines der Chromosomen weitgehend ausgeschaltet, während das andere aktiv ist. Zu dem Chromatin gehört eine Gruppe von Proteinen, die als Histone bezeichnet werden, und in den letzten Jahren wird immer klarer, dass die Natur diese Moleküle auf eine Weise modifizieren kann, deren Raffinesse uns bislang entgangen ist. Inzwischen ist von einem (noch) geheimnisvollen Code der Verpackungsproteine die Rede, von dem anzunehmen ist, dass er eine Rolle spielt, wenn Signale von außen versuchen, die Aktivität der Genomsequenzen zu regeln.

Noch ein Wort zu möglichen chemischen Modifikationen des Genoms. Es betrifft vor allem den Baustein C. Das Cytosin kann mit einem kleinen Molekülrest »-methyl« verziert werden. Genome enthalten reichlich Methyl-Cytosin statt Cytosin, und es gehört zum festen Wissen der Genetiker, dass die Evolution komplexer Genome ohne diese chemische Verzierung (Methylierung) viel langsamer vorangekommen wäre und dass oftmals auch durch die Methylgruppen ($-CH_3$) zu unterscheiden ist, ob ein Chromosom vom Vater oder von der Mutter stammt. Sehr viel mehr weiß man aber noch nicht. Es bleibt herauszufinden, wie mit diesen Modifikationen, die auch rückgängig gemacht werden können, die genetischen Funktionen zu variieren und zu kontrollieren sind. Nicht um Auswirkungen von veränderten Gensequenzen geht es dabei, sondern um die chemische Überlagerung dieser Sequenzen: Das Wort, das dafür in Mode kommt, heißt Epigenetik; und die Erforschung dieses Sektors des Lebens wird bislang leider mehr versprochen als praktiziert.

Gentechnik

Unter der Gentechnik versteht man eine Methode, die es erlaubt, DNA-Moleküle erst aus verschiedenen Zellen zu isolieren, dann im Reagenzglas (in vitro) zu zerlegen und neu zusammenzusetzen (Rekombination), um sie anschließend in (andere) Zellen zurückzuführen, wo sie dann (in vivo) normal funktionstüchtig sind. Gentechnik ist somit – in aller Kürze – die Technik der DNA-Rekombination, die sich nicht mehr nach den Möglichkeiten der Natur, sondern nach den Plänen der Menschen richtet.

Zum Ersten geht es um die Fähigkeit, die allzu langen natürlichen DNA-Fäden einer Zelle in definierte Fragmente (Abschnitte, Stücke, Moleküle) zu zerlegen, die sich danach im biochemischen Experiment als zugänglich und analysierbar erweisen. Das Zerlegen (Zerschneiden) der DNA erfolgt mit den so genannten Restriktionsenzymen, die über ihre jeweils spezifische Sequenz verfügen, an der sie ihren Schnitt durch die DNA ansetzen. Am bekanntesten ist das Restriktionsenzym EcoR1, welches das erste (1) Restriktionswerkzeug (R) war, das aus einem Bakterium mit dem Namen Escherichia coli (Eco) gewonnen werden konnte. EcoR1 zerlegt immer dann ein DNA-Molekül, wenn es auf einem Strang die Reihenfolge GAATTC entdeckt.

Wenn die Gesamtfolge der Basenpaare in einem Genom einmal als zufällig angesehen wird, dann kommt eine gegebene Folge von vier Buchstaben – wie AGCT – einmal alle 256 Basenpaare vor – $(1/4)^4$. Eine Folge von sechs Basenpaaren – wie etwa GAATTC – kommt einmal bei 4096 Basenpaaren vor – $(1/4)^6$. EcoR1 zerlegt also ein Säugetiergenom in rund 600 000 verschiedene Stücke, wobei entscheidend ist, dass die dabei erzeugte Kollektion immer gleich ist und allein deshalb keinen Biochemiker mehr schreckt. Die Fragmente, die Restriktionsenzyme produzieren, können analysiert werden, wenn sie in ausreichender Menge zur Verfügung stehen, und an dieser Stelle kommt erneut die Gentechnik ins Spiel. Es ist nämlich möglich, das abgetrennte Fragment in ein Bakteriengenom einzubauen und das Bakterium wachsen zu lassen, das dann bei jeder Vermehrung auch mehr von dem eingebauten DNA-Fragment herstellt. Wenn genug davon vorhanden ist, wird es isoliert und anschließend sequenziert. Der zuletzt genannte Vorgang ist unter Fachleuten auch als Klonieren von DNA bekannt. Er stellt eine biologische Vermehrung in Zellen dar. In der Mitte der achtziger Jahre ist es gelungen, eine Methode zu entwickeln, mit der kurze DNA-Abschnitte auch in Reagenzgläsern nahezu beliebig angereichert werden können. Man setzt dazu das Protein ein, das auch im Leben einer Zelle DNA vermehrt und daher Polymerase heißt. Genau gesagt kann eine Polymerase aus einem DNA-Strang einen zweiten und damit eine Doppelhelix machen. Man kann die zwei DNA-Stränge, die ein Molekül bilden, durch Erhöhung der Temperatur trennen und nach Abkühlung die zwei Einzelstränge erneut mit der Polymerase zusammenbringen, die nun zwei Doppelstränge herstellt, die wiederum durch Wärmezufuhr getrennt werden usw. Die fortlaufende Reaktion, die jetzt in Gang gesetzt werden kann, heißt Polymerase-Kettenreaktion, und sie wird nach der englischen Übersetzung dieses Ausdrucks PCR abgekürzt (»Polymerase Chain Reaction«). Sie ist inzwischen zu der Technik geworden, die bevorzugt zur Anwendung kommt, wenn DNA für analytische, diagnostische oder andere Zwecke in ausreichenden Mengen benötigt wird.

Mosaikgen

Bis die Methoden der Gentechnik den Biologen die Augen öffneten, galt als unverrückbare Tatsache, dass ein Gen aus einem Stück besteht. Gene galten als kontinuierliche DNA-Stränge, deren Informationen in ein ebenso zusammenhängendes Protein übersetzt wurden. Doch in der zweiten Hälfte der siebziger Jahre kam der Schock. Plötzlich wurde in zahlreichen Laboratorien in aller Welt erkannt,

Mosaikgen

dass die kodierenden Sequenzen von Zwischensegmenten unterbrochen wurden, die erstens sehr zahlreich und zweitens sehr umfangreich sein konnten.

Die Sequenzen, deren Informationen sich in der Struktur des kodierten Proteins wiederfinden lassen, nennt man Exons, weil der DNA-Abschnitt exprimiert wird. Zwischen zwei Exonbereichen liegen »intervening sequences«, die als Intron bezeichnet werden. Bei der Herstellung des dazugehörigen Proteins werden zunächst sowohl die Exons als auch die Introns in ein Primärtranskript überführt, und erst danach werden die Zwischensequenzen entfernt (Spleißen).

Wie weit sind Introns verbreitet? Bei Bakterien gibt es sie offenbar nicht. Von den rund 5800 für die Proteinlieferung zuständigen Genen im Hefegenom haben nur 230 Introns, also nur rund 4%. Ein typisches Hefeintron ist dabei rund 500 Basenpaare lang. Dies sieht bei vielzelligen Eukaryonten anders aus. Etwa 80% der Gene in der Pflanze mit Namen Ackerschmalwand (Arabidopsis thaliana) tragen Introns, wobei ein Pflanzengen im Durchschnitt zwischen vier und fünf Unterbrechungen dieser Art aufweist (und diese Zahl bei großen Genen um das Zehnfache steigen kann). Bei Wirbeltieren geht es noch »zerstückelter« zu. In ihren Zellen enthalten 95% aller Gene Introns, und zwar ziemlich viele. Manchmal findet man ein Dutzend Zwischensequenzen, und nicht selten übersteigt ihre Menge die Zahl 1000. Die durchschnittliche Länge eines Introns im Humangenom liegt bei knapp 3500 Basenpaaren, aber es gibt nicht wenige Gene in menschlichen Zellen, in denen Introns von mehr als 100 000 Basenpaaren gezählt werden. Im Vergleich dazu sind Exon-Sequenzen ziemlich einheitlich. Sie bestehen meist aus 60 bis 180 Basenpaaren und können folglich den Bau von 20 bis 60 Aminosäuren langen Proteinabschnitten anleiten. Insgesamt können Gene für bestimmte Proteine sehr umfangreich werden. Unter den bekannten menschlichen Genen ragt als größtes das Gen für ein Muskelprotein namens Dystrophin hervor. Es besteht aus mehr als 2,4 Millionen

Basenpaaren, von denen gerade einmal 14 000 Stück über die Zusammensetzung des Proteins informieren.

Mit der Mosaikstruktur nimmt die Beweglichkeit der Gene zu. Das Genom bekommt Dynamik und die Möglichkeit, neue Kombinationen auszuprobieren. Bekannt ist, dass Zellen Genstücke (Exons und Introns) verschieben und ihr Genom neu arrangieren können, wenn sie Spezialfunktionen übernehmen. Bekannt ist auch, dass ein Mosaikgen auf vielfältige Weise gelesen und seine Teile auf unterschiedliche Weise in Proteine umgewandelt werden können.

Repetitive DNA

Genome bestehen aus Genen – so denkt man im Allgemeinen, aber die Lehrbücher der Genetik und die Daten der Genetiker sagen etwas anderes. Genome bestehen zwar auch aus Genen, sie bestehen vor allen Dingen aber aus Sequenzen, die wiederholt in der gesamten DNA einer Zelle vorkommen – woraus sich übrigens im Umkehrschluss erkennen lässt, dass sich Gene dadurch charakterisieren lassen, dass ihre Sequenz mehr oder weniger einmalig ist. Die wiederholt vorkommenden Sequenzen heißen in der Fachsprache »repetitive DNA«, und sie können in drei Gruppen eingeteilt werden. Da findet sich zum Einen die so genannte Satelliten-DNA, die so heißt, weil sie in biochemischen Experimenten immer so neben der Hauptmenge zu liegen kommt wie ein Satellit neben seinem Himmelskörper. Rund 5% der DNA in Zellen von Säugetieren ist Satelliten-DNA, und sie besteht aus Wiederholungen von kurzen DNA-Abschnitten, die hundert- oder tausendfach hintereinander liegen, und zwar im Centromer- und im Telomerbereich der Chromosomen. In dieser aufgereihten Form übernimmt die Satelliten-DNA am Chromosomenende vermutlich eine Schutzfunktion, während sie in der Mitte nötig ist, um den Mechanismen der Zellteilung einen Halt zu geben – aber dies sind nur Hypothesen.

Repetitive DNA

Repetitiv ist zum Zweiten die DNA, die unter der Abkürzung SINE firmiert, hinter der sich der englische Ausdruck »short interspersed repetitive element« verbirgt. »Short« heißt dabei, dass die wiederholten Stücke einige hundert Basenpaare lang sind, und »interspersed« heißt, dass diese Elemente im ganzen Genom verteilt sind. Die Biologen kennen zahlreiche Familien von SINE-Sequenzen, wobei die am besten bekannt ist, die auf den Namen Alu hört, der sich von einem Restriktionsenzym herleitet, mit dessen Hilfe das kurze Fragment entdeckt wurde. Die dazugehörigen Alu-Fragmente umfassen rund 300 Basenpaare, die nicht immer Baustein für Baustein identisch, aber sehr ähnlich sind. In den Genomen von Mäusen und Menschen lassen sich mehr als eine Million dieser Alu-Elemente nachweisen – sie machen damit mehr als 15 % des Genoms aus –, ohne dass man genauer sagen könnte, wozu sie einer Zelle oder dem Leben dienen.

Wenn es kurze repetitive DNA-Abschnitte gibt, die im ganzen Genom verteilt sind, liegt die Annahme nahe, dass sich auch die entsprechenden langen Elemente finden lassen. Tatsächlich führen die Lehrbücher neben SINE- auch LINE-Sequenzen an, wobei das L auf »long« hinweist, was in Zahlen 6000 bis 7000 Basenpaare meint. 20 % eines Genoms sehen so aus, ohne dass man viel mit ihnen anfangen könnte. Zu betonen bleibt, dass jede Tier- und Pflanzenart ihre eigene Kollektion von SINE- und LINE-Familien in sich trägt, von denen man sich zwar ungefähr vorstellen kann, wie sie sich herausgebildet haben, aber bislang nicht sagen kann, warum es sie überhaupt gibt.

Neben den SINE- und LINE-Wiederholungen gibt es noch weitere repetitive Elemente im Genom, unter denen zur Zeit vor allem die Sequenzen besondere Aufmerksamkeit finden, die große Ähnlichkeit mit den Buchstabenfolgen haben, durch die das genetische Material von Viren gekennzeichnet ist. Und zwar nicht irgendwelcher Viren, sondern der Sorte, die ihre Erbinformation nicht als DNA, sondern als

Repetitive DNA

RNA mit sich tragen und die nach ihrem Eindringen in eine Zelle erst einmal dafür sorgen, dass daraus DNA wird. Weil sie die genetische Information in diesem Sinne zurückschreiben, spricht man von Retroviren, und der bekannteste Vertreter dieser Gruppe heißt HIV (»Human Immunodeficiency Virus«). Er bewirkt die Immunschwäche Aids. Genomanalysen haben gezeigt, dass fast 10% der humanen DNA-Sequenzen wie das Erbmaterial von Retroviren aussieht. Man spricht von endogenen Retroviren und nennt die DNA-Sequenzen HERV (»Human endogenous Retroviruses«). Das menschliche Erbgut erscheint stellenweise wie ein Meer aus viralem Erbmaterial, mit einer kleinen Beimengung von humanen Genen. Der Schluß liegt nahe, dass die Evolution die Viren zu Hilfe genommen hat, um Menschen – bzw. ihr Genom – hervorzubringen. Auch wenn dieser Gedanke es sicher verdient hat, vorsichtiger formuliert zu werden, so macht er doch deutlich, dass der Blick auf die Viren als reine Parasiten und Schmarotzer etwas Wesentliches übersieht und eine wichtige Dynamik des Lebens aus den Augen verliert.

Wozu dienen die vielen verstreuten repetitiven Elemente, die immerhin 40–45% des Humangenoms ausmachen und die in den meisten Genomen von Zellen mit einem Kern vorliegen? Sind sie wirklich nur Ballast?

Sicher ist, dass SINE-Sequenzen keine Proteine nach sich ziehen, wohl aber einige der 3000 bis 5000 vollständigen LINE-Stücke, die es neben der halben Million verkürzter Exemplare gibt. Dabei entsteht ein Protein, das in der Lage ist, mehr DNA herzustellen – wobei vermutlich zuerst neue SINE-Sequenzen entstehen. Man scheint sich im Kreise zu drehen, und vermutlich lautet der beste Vorschlag, die repetitiven Elemente als den Rohstoff anzusehen, mit dem die Evolution neue DNA-Stücke ins Genom einbringen und ausprobieren kann. Lebensnotwendig scheinen die wiederholten Sequenzen trotz aller Häufigkeit nicht zu sein, denn es gibt mindestens einen Organismus – den japanischen Pufferfisch *Fugu rubripes* –, der in seinem

400 Millionen Basenpaare umfassenden Genom nicht ein einziges SINE- und, wenn überhaupt, dann nur sehr wenige LINE-Elemente hat.

Allerdings ist der Fisch so giftig, dass er keine natürlichen Feinde hat. Er hat den Überlebenskampf auf seine Weise gewonnen und braucht daher keinen genetischen Rohstoff mehr, um sich vor unangenehmen Überraschungen zu wappnen.

RFLP

Individuelle Genome unterscheiden sich an einzelnen Positionen. Damit sind nicht nur die spontanen Varianten gemeint, die auftreten, wenn sich Zellen teilen und dabei das genetische Material verdoppelt wird. Sie sind unvermeidlich, denn wie will man drei oder sechs Milliarden Bausteine immer und immer wieder getreu kopieren? Damit sind vor allem punktgenaue Sequenzunterschiede gemeint, die zu einer Person gehören, die wir als Individuum erkennen und die diese Individualität unter anderem ihren Genen verdankt. Wenn nun eine individuelle DNA-Variante genau dort liegt, wo sich die Schnittstelle eines Restriktionsenzyms befindet, dann werden durch sein Wirken individuell verschiedene Fragmente erzeugt. Genaue Analysen um 1980 zeigten, dass die unterschiedlichen Längen der Restriktionsfragmente – also der RFLP (Restriktionsfragmentlängenpolymorphismus) – erstens von Person zu Person nachweisbar sind und dass deren Vielgestaltigkeit – dies ist die entscheidende Beobachtung – vererbt wird. RFLPs werden nach den Mendel'schen Vererbungsregeln auf Nachkommen übertragen, und aus diesem Grund können sie als Markierung der DNA eingesetzt werden.

Mit dieser Vorgabe kann man sich auch beim Menschen daran machen, Genkarten anzufertigen, und zwar dadurch, dass man die Vererbung einer entweder äußerlich sichtbaren oder sonst leicht feststellbaren Eigenschaft – wie etwa die Blutgruppe – verfolgt und

RFLP

(a) AGTTCAG**GAGCTC**TGATCAAGTAGCCTAAGGCAGTA**GAGCTC**TGTGAAG

  ↓

AGTTCAGGAG   CTCTGATCAAGTAGCCTAAGGCAGTAGAG CTC TGTGAAG
    1   2   3

oder

AGTTCAG**GAGCTC**TGATCAAGTAGCCTAAGGCAGTAGAG<u>A</u>TCTGTGAAG

  ↓

AGTTCAGGAG   CTCTGATCAAGTAGCCTAAGGCAGTAGAG<u>A</u>TCTGTGAAG
    1   2

(b) <u>GAGCTC</u>TGATCAAGTAGCCTAAGT<u>AAGTAAGTAA</u>GGCAGTAG<u>AGCTC</u>AAG

  ↓

GAG   CTCTGATCAAGTAGCCTAAGTAAGAAGTAAGGCAGTAGAG CTCAAG

oder

<u>GAGCTC</u>TGATCAAGTAGCC<u>TAAGTAA</u>GGCAGTAG<u>AGCTC</u>C AAG

  ↓

GAG   CTCTGATCAAGTAGCC<u>TAAGTAA</u>GGCAGTAGAG   CTCAAG

Wie unterschiedliche Restriktionsfragmente entstehen: (a) Zwei Personen unterscheiden sich an einer Stelle um ein Basenpaar (A statt G). Ihre DNA wird durch ein Restriktionsenzym zerlegt, das die Folge GAGCTC erkennt und dort schneidet. Durch die Variante verschwindet eine Schnittstelle, was zur Folge hat, dass unterschiedlich lange Fragmente entstehen. (b) Solch eine Situation kann auch eintreten, wenn die DNA einer Person zwischen zwei Schnittstellen ein anderes Wiederholungsmuster aufweist.

versucht, ein RFLP zu finden, das sich ebenfalls nach dem dabei ermittelten Muster vererbt. Dann kann man das Gen für die als Beispiel genannte Blutgruppe mit Hilfe der bekannten RFLP-Position im Genom verorten.

Inzwischen ist das etwas ungenaue und umständliche Verfahren durch ein anderes ersetzt worden, das Mikrosatelliten-Polymorphismus heißt. Mikrosatelliten-DNA besteht aus 10–50 Kopien von kurzen Sequenzen, die nur wenige Basenpaare lang sind. Einige Mikrosatelliten tauchen etwa alle 30 000 Basenpaare im menschlichen Genom auf, wobei es zu Verrutschungen in den Sequenzwiederholungen kommen kann. Sie machen die Vielgestaltigkeit der Mikrosatelliten aus, die dann – wie die RFLPs – als genetische Marker eingesetzt werden können.

Sequenzieren und Sequenzen

Wer die Doppelhelixstruktur der DNA sieht, versteht sofort, wie die genetische Information in diesem Molekül bestimmt wird, nämlich durch die Sequenz der Basenpaare. Aber wie bestimmt man diese Sequenz? Es lohnte sich für die Wissenschaftler, ernsthaft über diese Frage nachzudenken, nachdem die Gentechnik es erlaubte, ausreichende Mengen von kurzen DNA-Fragmenten herzustellen, und in den siebziger Jahren wurden zwei Verfahren entwickelt, die man als chemische und als biochemische Methode unterscheiden kann. Die erste stammt von A. Maxam und W. Gilbert, und die zweite geht auf F. Sanger zurück. Zwar macht die biochemische Methode, die auch als Kettenabbruchverfahren bekannt ist, mehr Umstände als ihre Konkurrenz, aber sie wurde trotzdem schon bald von den meisten Praktikern ihrer größeren Zuverlässigkeit wegen bevorzugt. Diese Wahl hat sich auch deshalb als richtig erwiesen, weil der gleich erklärte Kettenabbruch automatisierbar ist, und da sämtliche großen Sequenziervorhaben nur noch mit den dazugehörigen Sequenziermaschinen durchgeführt werden, beruhen die Kenntnisse von Genomen auf der biochemischen Methode von Sanger.

Ausgangspunkt ist das DNA-Fragment, dessen Reihenfolge ermittelt werden soll und das in ausreichenden Mengen präpariert wird – und zwar als Einzelstrang. Die Einzelstränge werden auf vier Reagenzgläser verteilt. In ihnen befindet sich zum Einen ein Enzym, das die einzelsträngige in eine doppelsträngige DNA verwandeln kann – es trägt den Namen DNA-Polymerase, ist schon seit langem bekannt und kann leicht gewonnen werden. Zum Zweiten sind ihnen die Bausteine zugesetzt worden, die für den genannten Synthesevorgang

Sequenzieren und Sequenzen

benötigt werden. Von ihnen gibt es die bekannten vier Stück. Der eigentliche Trick der Vorrichtung besteht darin, zusätzlich zu den geeigneten Bausteinen noch ungeeignete hinzuzufügen, die sich dadurch auszeichnen, dass sie von der Polymerase noch eingebaut werden können, im Anschluss daran aber verhindern, dass es nach ihnen weitergeht. Die Synthese bricht an diesen so genannten Terminator-Nukleotiden ab. In jedes der vier Reagenzgläser kommt eine andere analoge Substanz mit Abbruchwirkung, so dass in jedem Gefäß unterschiedlich lange Ketten entstehen, deren Endbuchstabe bekannt ist. In dem Gefäß, in dem das falsche A eingegeben wurde, hören alle Ketten mit A auf, und Entsprechendes gilt für T, G und C. Die Mengen der korrekten und inkorrekten Nukleotide müssen und können so gewählt werden, dass in jedem Reagenzglas alle möglichen Abbruchstellen erfasst werden. Im nächsten Schritt trennt man die unterschiedlich langen doppelsträngigen DNA-Moleküle auf, wobei zu beachten ist, dass dafür ein Verfahren erforderlich wird, das zwei Moleküle trennen kann, die sich um einen einzigen Baustein unterscheiden. Dieses präzise biochemische Trennverfahren endet damit, die trickreich hergestellten DNA-Moleküle auf vier Bahnen der Länge nach aufzutrennen, die den vier Reagenzgläsern entsprechen. Immer dann, wenn man etwa auf der Bahn, die aus dem Gefäß mit dem falschen A besetzt worden ist, ein Molekül ortet, weiß man, dass die DNA an der Stelle, an der die Synthese abgebrochen ist, ein A trägt. Dies gilt mutatis mutandis für T, G und C, und die gesuchte Sequenz kann jetzt dadurch gefunden werden, dass man von den kleinsten zu den größten Stücken geht, was konkret ein Lesen von unten nach oben bedeutet. In der alltäglichen Praxis lassen sich in einem Durchgang mehrere hundert Buchstaben lesen.

Die ersten Sequenzen hat Sanger selbst ermittelt, und zwar bereits im Jahre 1977, als er das Genom eines bakteriellen Virus (eines Bakteriophagen) sequenzierte, das aus 5386 Basenpaaren besteht. Kaum fünf Jahre später konnte das mitochondriale Genom von mensch-

Sequenzieren und Sequenzen

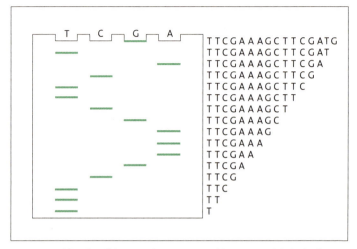

Das Kettenabbruchverfahren nach Sanger: Die kleinsten Moleküle laufen am schnellsten und kommen daher von oben nach unten am weitesten. In der durch A markierten Bahn befinden sich alle synthetisierten DNA-Stücke, die mit einem A aufhören (und entsprechendes gilt für T, G und C). Das kleinste Stück liegt in der T-Bahn, so dass die gesuchte Sequenz mit einem T beginnt; das nächste Stück liegt in derselben Bahn, was erneut auf ein T hinweist. Das dritte Stück liegt (in diesem Beispiel) in der C-Bahn, was ein C als nächsten Buchstaben bedeutet usw.

lichen Zellen mit seinen 16 569 Basenpaaren offen gelegt werden. Der große Sprung kam zehn Jahre später, als 1992 das erste der Hefe-Chromosomen in all seinen genetischen Bausteinen vorgestellt werden konnte: Dieses Chromosom III verfügt über 315 316 Basenpaare. Von da an explodierte das Geschäft des Sequenzierens. 1995 wurde mit dem Bakterium *Haemophilus influenza* die Millionengrenze überschritten – es ging um etwa 1 800 000 Basenpaare. Im Jahre 2000 kam mit der Fliege *Drosophila* ein Genom in die Sequenziergeräte, das insgesamt 180 Millionen Bausteine umfasste, und nach dem humanen Genom sind die mehr als 400 Millionen Basenpaare von Reis im Jahr 2002 fast schon Routine.

Zahlen

Genomforschung will – wie jede Naturwissenschaft – exakt sein, und so bietet sie ihren Beobachtern viele Zahlen an. So bekommen wir auch immer wieder neue Genzahlen vorgesetzt. Hier wird empfohlen, sie bestenfalls cum grano salis zu nehmen und aus ihnen keine Geschäftsgrundlage zu machen. Der Grund dafür steckt nicht darin, dass die beiden Genomprojekte zum ersten Abschluss ihrer Arbeiten im Februar 2001 unterschiedliche Zahlen genannt haben (eine knapp unter, die andere knapp über 30 000). Der Grund steckt darin, dass eine später erfolgte Nachprüfung der Gendaten ergab, dass beide Listen nur 10 000 gemeinsame Eintragungen hatten. Daraus lässt sich einerseits berechnen, dass es mindestens 50 000 Gene im humanen Genom gibt (die 10 000 gemeinsam angeführten plus zweimal rund 20 000, die jede Gruppe allein auf ihrer Rechnung hatte). Daraus lässt sich andererseits ableiten, dass die verwendeten Methoden völlig unzureichend sind. Die Zahl der menschlichen Gene bleibt unbekannt. Trotzdem sollte es interessant sein, einige Genzahlen aufzuführen, die in Lehrbüchern zu finden sind. Hier eine kleine Auswahl:

Genom	Sequenzierte Basenpaare in Millionen	Identifizierte Gene	Zahl der Gene/ Milllionen Basenpaare
S. cerevisiae	12	5800	480
C. elegans	97	19099	197
D. melanogaster	116	13601	117
A. thaliana	115	25498	221
H. sapiens (öffentlich)	2693	31780	12
H. Sapiens (privat)	2654	39114	15

Zellen

Die grundlegende Einheit des Lebens – so wurde im 19. Jahrhundert erkannt – ist die Zelle. In der modernen Biologie unterscheidet man Zellen danach, ob sie ein besonderes Kompartiment aufweisen, in dem das genetische Material bzw. das Genom – oder zumindest der Hauptteil – aufbewahrt wird, oder darauf verzichten können. Diesen Bereich nennt man den Zellkern, und seine An- oder Abwesenheit macht einen großen Unterschied aus. Zellen ohne Zellkern bleiben allein; sie existieren als Einzeller und heißen auch Prokaryonten (Bakterien gehören dazu). Zellen mit Zellkern organisieren sich lieber zu Vielzellern (Metazoen), und im Fachjargon heißen sie Eukaryonten. Wie alle so genannten höheren Lebewesen – womit die großen Spätankömmlinge der Evolution gemeint sind – gehören auch die Menschen in diese Gruppe. Aus diesen beiden Namen leiten sich die Ausdrücke eukaryontisches und prokaryontisches Genom ab, und die Differenz ist frappierend. Während ein prokaryontisches Genom nahezu ausschließlich aus DNA besteht, gehören zu einem eukaryontischen Genom eine Menge anderer Moleküle (Proteine), mit deren Hilfe die DNA sehr eng aufgerollt und verpackt wird. Dabei entstehen mehrfach gefaltete Strukturen, die als Chromosomen sichtbar werden.

In eukaryontischen Zellen gibt es neben dem Genom im Zellkern noch genetisches Material in anderen Organellen (so heißen die abgeschlossen wirkenden Strukturen, die sich im Inneren einer Zelle ausfindig machen lassen). Besonders zu erwähnen sind die so genannten Mitochondrien, die für die Energieversorgung zuständig sind. Aus der Tatsache, dass sie ein eigenes Genom mit sich tragen, ist geschlossen worden, dass es sich um Lebensformen handelt, die in der Frühzeit der Evolution autonom waren, sich dann aber auf eine Symbiose mit den Zellen einlassen, von denen sie jetzt mitgeführt werden.

Zellen

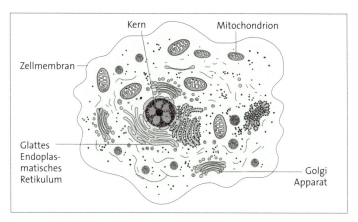

Schematische Darstellung einer Zelle

Auch prokaryontische Zellen können ihr gesamtes Genom auf mehr als eine Struktur verteilen. Viele Bakterien haben neben einem Hauptchromosom, das in ihrem Fall ein langes DNA-Molekül ist, ein kleines Nebenchromosom, das ein kürzeres DNA-Molekül ist. Dieses Plasmid, wie es auch heißt, hat sich für die Gentechnik als nützlich erwiesen. Mindestens ein Bakterium hat sein Genom auf vier DNA-Moleküle verteilt, die manchmal als Replikon bezeichnet werden und sich eigenständig vermehren (replizieren) können.

GLOSSAR

Allel – Die alternative Version einer DNA-Sequenz, meist eines Gens. In menschlichen Körperzellen finden sich zwei Exemplare jeder Gensequenz; die eine stammt von der Mutter, die andere vom Vater. *s. S. 11, 59, 85*

Aminosäure – Der Baustein für ein Protein; von der Natur werden 20 Aminosäuren eingesetzt, um Proteine zu bilden. *s. S. 102, 103, 108*

Annotation – Die Edition der genetischen Sequenzen; die Identifizierung der informativen (kodierenden) Sequenzen im Genom und die Vorhersage ihrer Funktionen. *s. S. 32, 48, 55*

Assembly – Das englische Wort für das Zusammenfügen (Montieren) von überlappenden DNA-Stücken zu einer Sequenz. *s. S. 27, 28, 32*

Autosom – Die Chromosomen, die nichts mit der Bestimmung des Geschlechts zu tun haben. *s. S. 7, 49, 54*

BAC – Ein künstliches Bakterienchromosom (Bacterial Artificial Chromosome), das mit gentechnischer Hilfe zustande gekommen ist und als ein Vektor (als Genfähre) benutzt wird, um DNA-Fragmente zu klonieren (in der Größe von ein paar Hunderttausend Basenpaaren). *s. S. 101*

Basenpaar – Die Kombination der Basen Adenin (A) und Thymin (T) bzw. Guanin (G) und Cytosin (C), die das Zentrum der Erbsubstanz DNA bilden. *s. S. 4, 14 ff., 92*

Centromer   Exon

Centromer – Die kompakte Region im Zentrum eines Chromosoms, die den Übergang von seinem kurzen zu seinem langen Arm darstellt.

Code – Der genetische Code legt fest, wie in der Natur eine DNA-Sequenz in die Reihenfolge der Bausteine übersetzt wird, aus denen ein Protein besteht. Dabei kodiert eine Folge von drei Basen (Triplett) eine Aminosäure. *s. S. 7, 47, 80*

Contig – Eine durchgehende (»contiguous«) DNA-Sequenz, die bei dem rechnerischen Zusammenbau (»assembly«) von überlappenden DNA-Fragmenten im Computer entsteht. *s. S. 27*

Diploid – Deutet das Vorhandensein von zwei Sätzen von Chromosomen bzw. Genen an; in diploiden Zellen sind die Chromosomen paarweise vorhanden (vgl. haploid). *s. S. 19, 89f.*

DNA – Desoxyribonukleinsäure; Trägerin der genetischen Information. *s. S. 4f., 13f., 88ff.*

Enzym – Der Name für die Proteine, die eine chemische Reaktion ermöglichen (katalysieren), die ohne ihre Mithilfe nicht stattfinden könnte. *s. S. 70, 83, 114*

Euchromatin – Die genreichen Regionen eines Genoms (vgl. Heterochromation). *s. S. 88*

Eukaryont – Ein Organismus, dessen Zellen eine komplexe innere Struktur haben; z.B. Tiere, Pflanzen und Pilze (vgl. Prokaryont).

Exon – Die informative, proteinkodierende Sequenz eines Gens (vgl. Intron). *s. S. 36, 38, 44*

EST – Eine kurze DNA-Sequenz von einer informativen (kodierenden) Genregion, die zur Identifizierung eines Gens benutzt werden kann (»expressed sequence tag«). *s. S. 25*

Genbibliothek – Eine Sammlung von Klonen, die aus überlappenden DNA-Fragmenten bestehen, mit denen das Genom eines Organismus aufbewahrt wird. *s. S. 100f.*

Genotyp – Das genetische Material, das zum Erscheinungsbild (Phänotyp) seines Trägers beitragen kann. *s. S. 10f., 56*

Haploid – Weist auf das Vorhandensein eines einfachen Satzes von Chromosomen hin; Ei- und Samenzelle des Menschen sind haploid (vgl. diploid). *s. S. 18, 90*

Heterochromation – Kompakte und genarme Region eines Genoms, die durch repetitive Sequenzen charakterisiert ist (vgl. Euchromatin). *s. S. 88*

Intron – Eine DNA-Sequenz, deren Information nicht in eine Proteinstruktur eingeht und die zwischen den kodierten Sequenzen (Exons) liegt; ein Intron wird transkribiert, dann ausgeschnitten (Spleißen). *s. S. 36, 40, 44*

Karyotyp – Die mikroskopische Aufnahme von Chromosomen, die der Größe nach aufgereiht werden können. *s. S. 90*

Klon – Die Kopie, die von biologischem Material gemacht wird; wird auch für einen formlosen Zellhaufen benutzt, der aus einer Zelle entstanden ist; wenn man Bakterien kloniert, kloniert man ihr Genom mit. *s. S. 22*

Klonieren   Polymerase-Ketten-Reaktion

Klonieren – Der Vorgang, mit dem vielfache Kopien von biologischen Materialien gemacht werden; die Gentechnik erlaubt das Klonieren von DNA-Fragmenten. *s. S. 10, 22, 27*

Locus – Ort für ein Gen auf einem Chromosom, der zum Beispiel durch Mutation und Rekombination ermittelt werden kann. *s. S. 20, 99*

Markierung – Eine identifizierbare physikalische Position auf einem Chromosom (zum Beispiel die Schnittstelle eines Restriktionsenzyms), dessen Weitergabe durch die Generationen verfolgt werden kann. *s. S. 20, 112*

mRNA – Das Molekül, dessen Sequenz nur noch die Information für die Reihenfolge der Aminosäuren in einem Protein enthält; dient als Schablone für dessen Synthese. *s. S. 93*

Mutation – Eine Veränderung im Genom, bezogen auf einen Normalzustand (Wildtyp). *s. S. 9, 19, 97ff.*

Nukleotide – Die Bausteine, die sich in DNA und RNA zu langen Molekülketten verbinden. *s. S. 4, 14, 38*

Offenes Leseraster (Open Reading Frame) – Eine ausreichend lange Folge von Tripletts, die für Aminosäuren kodieren und nicht von einem Stoppsignal unterbrochen werden. *s. S. 34f., 56*

Phänotyp – Die beobachtbaren Eigenschaften und physischen Charakteristiken eines Organismus (sein Erscheinungsbild); (vgl. Genotyp). *s. S. 11, 56, 71*

Polymerase-Ketten-Reaktion – Eine Methode, um spezifisch markierte DNA-Stückchen im Reagenzglas beliebig anzureichern. *s. S. 107, 115*

123

Polymorphismus   Satelliten-DNA

Polymorphismus – Die Vielgestaltigkeit von individuellen DNA-Sequenzen in dem jeweiligen Genom, die genügend oft in einer Population vorhanden ist. *s. S. 19f., 23, 68f.*

Prokaryont – Zellen ohne eigenständigen und abgetrennten Kern, zum Beispiel Bakterien (vgl. Eukaryonten). *s. S. 4, 118, 119*

Protein – Große Moleküle, die aus vielen kettenartig verbundenen Aminosäuren bestehen; die Reihenfolge der Aminosäuren wird von einer DNA-Sequenz im Genom festgelegt, wobei die Übertragung mit Hilfe des genetischen Codes stattfindet. *s. S. 8, 57ff., 101ff.*

Pseudogen – Eine DNA-Sequenz, die wie die eines Gens aussieht, ohne zu funktionieren. *s. S. 47f., 75*

Rekombination – Der Vorgang, durch den DNA zwischen zwei Chromosomenpaaren während der Entstehung von Ei- und Samenzellen ausgetauscht wird. *s. S. 85, 99, 106*

Rekombinierte DNA – DNA, die mit Hilfe der Gentechnik im Reagenzglas neu zusammengesetzt worden ist. *s. S. 106*

Restriktionsenzym – Proteine, die DNA zerschneiden können; Werkzeuge der Gentechnik. *s. S. 16f., 19, 113*

RNA – Ribonukleinsäure; vielseitiges Molekül, das bei vielen Aktivitäten der Zelle eine Rolle spielt, unter anderem bei der Herstellung von Proteinen. *s. S. 13f., 92f., 111*

Satelliten-DNA – DNA, die aus repetitiven Sequenzen besteht und daher anders zusammengesetzt ist als der Rest. In biochemischen

Experimenten kommt diese DNA neben der Hauptmenge zu liegen, was den Namen erklärt. *s. S. 47, 88, 109*

SNP – Abkürzung für »single nucleotide polymorphism«, also für Einzelnukleotidpolymorphismus; ein Polymorphismus, der durch die Veränderung eines Nukleotids (einer Base) definiert ist.*s. S. 68f., 70f., 85*

Telomer – Das Endstück eines Chromosoms. *s. S. 48, 54, 88*

Transkription – Die Herstellung von RNA aus DNA (die Übertragung einer DNA-Sequenz in eine RNA-Sequenz). *s. S. 58, 75f., 102*

Translation – Die Verwendung von mRNA zur Herstellung eines Proteins. *s. S. 102*

Triplett – Eine Folge von drei Basen in einer DNA-Sequenz, die eine Aminosäure kodiert und ihren Einbau in ein Protein veranlasst. *s. S. 34, 66*

Triplett-Repeat – Das Auftreten von zahlreichen Wiederholungen eines Tripletts – zum Beispiel CAG – im Genom, die häufig in Verbindung mit neurogenerativen Krankheiten beobachtet wird. *s. S. 64f.*

Vektor – Ein Vehikel meist in Form eines Bakteriums oder eines Virus, mit dem (rekombinierte) DNA in eine Zelle – genauer: in deren Genom – gebracht werden kann. *s. S. 100f.*

YAC – Ein künstliches Hefechromosom (»Yeast Artificial Chromosom«), das verwendet wird, um DNA-Fragmente in Hefezellen zu klonieren; wird mit Hilfe der Sequenzen konstruiert, die das Hefegenom für die Replikation benötigt. *s. S. 101*

Literaturhinweise

EINFÜHRUNGEN

Clark, Melody (Hg.): Comparative Genomics.
Amsterdam 2000.

Knippers, Rolf: Molekulare Genetik.
Stuttgart [8]2001.

Singer, Maxine und Berg, Paul: Genes and
Genomes. Mill Valley, Californien 1991.

Strachan, Tom und Read, Andrew: Molekulare
Humangenetik. Heidelberg 1996.

The Human Genome Business.
In: Scientific American, Juli 2000.

Weber, Thomas: Genforschung. Köln 2002.

GENOMPROJEKTE

Ben Goertzel: Was hat mich gemacht?
In: FAZ Nr. 102 (3.5.2000) S. 53. (Hier wird
ein mögliches »Windows Genom Projekt«
erörtert.)

Bishop, Jerry und Waldholz, Michael: Landkarte
der Gene. Das Genom-Projekt. München 1991.

Botstein, David et al.: Construction of a Genetic
Linkage Map in Man Using Restriction Fragment Polymorphisms. In: American Journal
of Human Genetics 32 (1980) S. 314–331.

Dulbecco, Renato: A Turning Point in Cancer
Research: Sequencing the Human Genome.
In: Science 231 (1986) S. 1055–1056.

Dulbecco, Renato: The Genome Project – Origins
and Development. In: Fischer, Ernst Peter und
Klose, Sigmar (Hg.): The Human Genome.
München 1995. S. 17–61.

INFORMATIONEN ZU LAUFENDEN ODER
ABGESCHLOSSENEN GENOMPROJEKTEN

Genomes OnLine Database bei
http://wit.integratedgenomics.com/IGwit

ZU PROKARYONTEN

www.tigr.org/tdb/mdb/mdbcomplete.html
www.genome.wisc.edu (speziell zu dem
Bakterium E. coli)

ZU EUKARYONTEN

Saccharomyces cerevisiae
www.mips.biochem.mpg.de

Schizosaccharomyces pombe
http://genome-www.stanford.edu

Caenorhabditis elegans
www.wormbase.org

Drosophila melanogaster
www.flybase.bio.indiana.edu

Mus musculus
www.genome.wi.mit.edu

Aradopsis thaliana
www.cbc.umn.edu

HUMANGENOM

Dennis, Carina und Gallagher, Richard (Hg.):
The Human Genome. New York 2001.

The Human Genome Directory. (Nature.
Ergänzungsband zu Band 377 (1995)).

Informationen zu täglich ergänzten
Genomsequenzen:

http://genome.ucsc.edu/
(Eine Datenbank der Universität von California
in Santa Cruz, die es überhaupt ermöglicht
hat, eine erste Fassung [»draft«] des Humangenoms zu publizieren.)

www.ncbi.nlm.nih.gov/omim
(Die Abkürzung Omim bedeutet »Online Men-
delian Inheritance in Man«. Hier sind alle Sequenzen [Gene] des Menschen gespeichert,
für die ein Mendelscher Erbgang nachgewiesen
ist.)

http://hgrep.ims.u-tokyo.ac.jp/
(Überblick über das gesamte Genom
des Menschen und seine strukturellen
Besonderheiten.)

www.nhgri.nih.gov/ELSI/ und

www.ornl.gov/hgmis/elsi/elsi.htlm
(Auskünfte über die ethischen, legalen und
sozialen Implikationen [ELSI] des Humanen
Genomprojektes)

Literaturhinweise

REISGENOM

Bennetzen, Jeffrey: Opening the Door to Comparative Plant Biology.
In: Science 296 (2002) S. 60–63.

Goff, Stephen et al.: A Draft Sequence of the Rice Genome (*Oryza sativa* L. ssp. *Japanica*).
In: Science 296 (2002) S. 92–100.

Yu, Jun et al.: A Draft Sequence of the Rice Genome (*Oryza sativa* L. ssp. *Indica*)
In: Science 296 (2002) S. 79–91.

btn.genomics.org.rice.cn/rice

www.tmri.org (Bevor man Zugang zu den genetischen Buchstaben bekommt, muss man sich wenden an: www.sciencemag.org/cgi/content/full/296/5565/92/DC1)

SEQUENZEN

Andersson, Jan et al.: Are there Bugs in Our Genome? In: Science 292 (2001) S. 1848–1850. (Kritische Analyse der »draft sequences«)

Davies, Kevin: Die Sequenz. Der Wettlauf um das menschliche Genom. München 2001.

Deloukas, P. et al.: The DNA sequence and comparative analysis of human chromosome 20.
In: Nature 414 (2001) S. 865–871.
(Präsentation und Diskussion der Sequenz von Chromosom 20)

Dennis, Carina und Gallagher, Richard (Hg.): The Human Genome. New York 2001.
(Hier sind die Forschungsarbeiten aus Nature 409 [2001] zusammen mit Kommentaren, historischen Überblicken und einem Vorwort von James D. Watson versammelt.)

Dollittle, Russel: Microbial Genomes multiply.
In: Nature 416 (2002) S. 697–700.

Hattori, Masashira und Taylor, Todd D.: Part three in the book of genes. In: Nature 414 (2001) S. 854–855. (Siehe hier vor allem Abbildung 1 in Hinblick auf die Schwierigkeiten eines »assemblies«.)

International Human Genome Sequencing Consortium: Initial sequencing and analysis of the human genome. In: Nature 409 (2001) S. 860–921. (Hier erschienen die ersten »draft sequences« des humanen Genoms.)

Sanger, F. et al.: Nucleotide Sequence of Bacteriophage _X 174 DNA. In: Nature 265 (1977) S. 1–28. (Hier findet sich die erste Sequenz eines bakteriellen Virus.)

Venter, Craig et al.: The sequence of the human genome. In: Science 291 (2001) S. 1304–1351.

GENOME

Brenner, Sydney: The End of the Beginning.
In: Science 287 (2000) S. 2173–2174.
(Zum Genom der Fliege)

Enard, Wolfgang et al.: Intra- and Interspecific Variation in Primate Gene Expression Patterns.
In: Science 296 (2002) S. 340–343.
(Systematischer Vergleich der Genome von Mensch und Schimpanse mit Kommentar dazu im selben Heft, S. 233–234.)

Fleischman, R.D. et al.: Whole-Genome Random Sequencing and Assembly of Haemophilus influenzae.
In: Science 269 (1995) S. 496.
(Präsentation des ersten kompletten Genoms eines lebenden Organismus.)

Greenspan, Ralph: The flexible genome.
In: Nature Reviews/Genetics, Bd. 2 (2001) S. 383–391.

Hacia, Joseph: Genomes of the apes.
In: Trends in Genetics 17 (2001) S. 637–643.

Hodgkin, Jonathan: A view of Mount Drosophila.
In: Nature 404: (2000) S. 442–443.

Keeling, Patrick J.: Parasites go to the full monty.
In: Nature 414 (2001) S. 401. (Informationen zu den Genomen von Parasiten.)

Mauron, Alex: Is the Genome the Secular Equivalent of the Soul? In: Science 291 (2001) S. 831–832.

Literaturhinweise

Nature Biotechnology 20, Januar 2002, S. 58 und
Science 292 (2001) S. 2506. (Neuere Angaben
zu den Genzahlen in Hefe und anderen
Organismen.)

TELOMERE

Griffith, J. D.: Mammalian Telomeres End in a
Large Duplex Loop. In: Cell 97 (1999) S. 503–514.

Jiang, X. R. et al.: Telomerase expression in human
somatic cells does not induce changes associa-
ted with a transformed phenotype.
In: Nature Genetics 21 (1999) S. 111–114.

VERSCHIEDENE ASPEKTE

Chicurel, Marina: Faster, better, cheaper geno-
typing. In: Nature 412 (2001) S. 580–582.
(Zum Umgang mit Snips)

Evans, William und Relling, Mary: Pharmacogenomics: Translating Functional Genomics
into Rational Therapeutics. In: Science 286
(1999) S. 487–491. (Einführung in die Pharmakogenetik)

Fischer, Ernst Peter und Geißler, Erhard (Hg.):
Wieviel Genetik braucht der Mensch?
Konstanz 1994.

Honnefelder, Ludwig und Propping, Peter (Hg.):
Was wissen wir, wenn wir das menschliche
Genom kennen? Köln 2002.

Lander, Eric S. und Weinberg, Robert A.:
Genomics. Journey to the Center of Biology.
In: Science 287 (2000) S. 1777–1782.

Ridley, Matt: Genome. The autobiography of our
species in 23 chapters. New York 2000. (Überblick über einige der bekannten Orte [Gene]
auf den Chromosomen)

Stillman, Bruce: Genomic Views of Genome
Duplication. In: Science 294 (2001)
S. 2301–2304. (Zur Genduplikation)

Sulston, John und Ferry, Georgina: The Common
Thread – A Story of Science, Politics and the
Human Genome. New York 2002.

Zu Krankheiten, die von Chromosom 20
und anderen Teilen des Genoms ausgehen:
www.ncbi.nlm.nih.gov/Omim

Für Christina, die weiß, dass sie ihr Genom am besten versteht, indem sie es nutzt.

Abbildungsnachweise: Grafiken: von Solodkoff, Neckargemünd; S. 6 nach: Vogel, F. u. Motulsky, A.: Human Genetics, [2]1986, S. 31; S. 11 nach: King, R. et al. (Hg.): The Genetic Basis of Common Diseases, 1992, S. 21; S. 12 nach: Klein, J. u. Takahata, N.: Where do we come from?, 2002, S. 47; S. 23 nach: Kevles, D. u. Hood, L.: The Code of Codes, 1992, S. 86f.; S. 27 nach: Nature 409, 15. Februar 2001, S. 863; S. 91 nach: Nature 403, 15. Februar 2001, Beilage; S. 47 nach: Knippers, R.: Molekulare Genetik, [8]2001, S. 468; S. 116 nach: Knippers, R., Molekulare Genetik, [8]2001, S. 306; S. 26: © dpa; S. 31: © dpa; S. 37: © Sanger, Nicklen, Coulson 1977; S. 43 (re): Nature 409, 15. Februar 2001; S. 43 (li): Science 291, 16. Februar 2001; S. 80 nach: Science 296, 5. April 2002, S. 115; S. 83 nach: Science 296, 5. April 2002, S. 87; S. 84 nach: Trends in Genetics, Bd. 17; Nr. 11; November 2001, S. 639. Da mehrere Rechteinhaber trotz aller Bemühungen nicht feststellbar oder erreichbar waren, verpflichtet sich der Verlag, nachträglich geltend gemachte rechtmäßige Ansprüche nach den üblichen Honorarsätzen zu vergüten.